# 全国畜禽养殖
## 规模化指标数据与案例分析

全国畜牧总站  组编

中国农业科学技术出版社

图书在版编目（CIP）数据

全国畜禽养殖规模化指标数据与案例分析 / 全国畜牧总站组编 . -- 北京：中国农业科学技术出版社，2025.8. -- ISBN 978-7-5116-7500-2

Ⅰ．S815

中国国家版本馆 CIP 数据核字第 202512YK07 号

责任编辑　金　迪
责任校对　王　彦
责任印制　姜义伟　王思文

| | |
|---|---|
| 出 版 者 | 中国农业科学技术出版社 |
| | 北京市中关村南大街 12 号　邮编：100081 |
| 电　　话 | （010）82106625（编辑室）（010）82106624（发行部） |
| | （010）82109709（读者服务部） |
| 网　　址 | https://castp.caas.cn |
| 经 销 者 | 各地新华书店 |
| 印 刷 者 | 中煤（北京）印务有限公司 |
| 开　　本 | 170 mm×240 mm　1/16 |
| 印　　张 | 13 |
| 字　　数 | 237 千字 |
| 版　　次 | 2025 年 8 月第 1 版　2025 年 8 月第 1 次印刷 |
| 定　　价 | 89.00 元 |

版权所有·侵权必究

# 《全国畜禽养殖规模化指标数据与案例分析》编写人员

主　　编：左玲玲　万　强　赵俊金　田建华

副 主 编：吴兆海　李　鹏　杨宇泽

参编人员：（按照姓氏笔画排序）

丁海媛　马苗苗　王　华　王万霞　王江威
王思宇　卢亚洲　付　瑶　白金妮　朱继红
任国华　刘　珂　刘建营　许海涛　孙永刚
杜方均　杜恩存　李　宏　李　奎　李　翔
李　强　李健华　杨　建　来宁洁　汪代华
宋啟珠　张　眉　张艺琳　张丽华　张其彬
张雅惠　陈国学　武治勇　罗　峻　周希梅
孟庆利　赵　鹏　段忠意　段凌云　姜庆龙
徐　杨　高亚成　郭　杰　郭建超　黄　昕
黄　睿　黄子滕　曹　烨　脱征军　梁尚海
谢志铭　蓝秋媛　解崇斌　樊　杨

# 前 言

2010年以来，我国大力推进畜禽标准化规模养殖，畜牧产业素质和养殖水平持续提升，畜禽养殖规模化率不断提高，为畜牧业高质量发展奠定了坚实基础。在规模养殖取得阶段性进展的基础上，全国农业农村系统以设施化、智慧化为方向，支持鼓励畜禽养殖主体将物联网、大数据、人工智能等新技术和智能硬件、云平台等软硬件设施设备应用于生产实践，在提升养殖关键环节机械化、自动化水平和推动实现智能环境控制、精准化饲喂、健康监测预警、废弃物高效低碳利用等方面取得了良好效果，为畜牧产业转型升级和畜禽养殖节本增效提供了丰富的样本案例。

本书介绍了全国及各省份畜禽养殖规模化进展情况，展示了各地推进标准化规模养殖和自动化、智能化设施设备应用的典型案例，希望对各地畜牧兽医部门、技术推广机构和畜禽养殖场户提供参考借鉴。

编 者

2025年7月

# 目录 CONTENTS

## 第一部分　全国畜禽养殖规模化情况 …………………………………… 1

## 第二部分　畜禽标准化规模养殖典型案例 ……………………………… 19

### 生猪篇 …………………………………………………………………… 20

生态循环护环境　自动测定强选育
　　——北京中育种猪有限责任公司南口种猪场 ………………………… 20

加强标准化建设　提升智能养猪水平
　　——中粮家佳康（吉林）有限公司长岭第十三猪场 ………………… 27

服务地方品种　高效与特色并行
　　——遂溪壹号畜牧有限公司 …………………………………………… 32

集成化养殖提效率　独立安全岛保生产
　　——广东湛江雷州牧原农牧有限公司 ………………………………… 39

种养观光新模式　打造现代农业综合体
　　——东源东瑞农牧发展有限公司 ……………………………………… 44

以科技赋能养殖　智能化引领转型升级
　　——苏州苏太企业有限公司 …………………………………………… 51

大栋圈舍母猪群养标准化生态养殖模式
　　——宁夏海通达实业有限公司 ………………………………………… 58

推动区域融合　激发农业发展新活力
　　——上海松林农业发展有限公司 ……………………………………… 65

特色标准化养殖促保种
　　——四川恒通内江猪保种繁育有限公司 ……………………………… 72

科技引领　数字赋能提效率
　　——浙江清渚农牧有限公司 …………………………………………… 79

### 牛羊篇 …………………………………………………………………… 86

"牛进我家更幸福"——前进中的幸福牛
　　——灵武市幸福牛牧业有限公司 ……………………………………… 86

精细化管理　助推奶牛提质增效
　　——中垦天宁牧业有限公司 …………………………………………… 93

设施化数字化促进奶牛养殖提质增效
　　——云南海牧牧业有限责任公司文山分公司 ·············· 98
数智技术助力肉牛高效养殖
　　——湖北庚源惠科技有限责任公司 ······················ 107
万头肉牛养殖全产业链发展生产
　　——定西顺优农牧业发展有限责任公司 ·················· 113
以用促保夷陵牛　链式发展强产业
　　——湖北丰联佳沃农业开发有限公司 ···················· 119
数智化助力肉牛高效养殖
　　——安徽欣浩翔食品有限公司 ·························· 125
标准化助力奶绵羊提质增效
　　——甘肃元生农牧科技有限公司 ························ 132
现代设施全封式饲养助力奶山羊高效养殖
　　——陕西正大奶山羊产业发展有限公司 ·················· 138
创新科技　助力肉羊育种与产业化开发
　　——绵阳吉羊农牧科技有限公司 ························ 149

## 家 禽 篇　　　　　　　　　　　　　　　　　　　　　　**154**

白羽肉种鸡楼房养殖模式探索
　　——江苏京海禽业集团有限公司 ························ 154
高标准种鸡示范养殖带动陕西家禽产业高质量发展
　　——蒲城好邦种禽有限公司 ···························· 159
"科技+智慧""公司+农户"开辟畜牧产业振兴新路径
　　——湖州市南浔温氏畜牧有限公司 ······················ 166
立体智能有机结合　种养循环绿色发展
　　——韶关立华种鸡、孵化二场标准化养殖场 ·············· 170
精准饲喂笼养系统　促进现代养禽业发展
　　——陕西得康生态农业科技有限公司 ···················· 176
全链条驱动　智慧化先行
　　——青海化青生物科技开发有限公司 ···················· 182

## 水禽鹌鹑篇　　　　　　　　　　　　　　　　　　　　　**189**

基于蛋鸭特性的立体生态笼养新模式
　　——金华金婺农业发展有限公司 ························ 189
标准化引领探索现代化鹌鹑养殖新模式
　　——湖南咚咚现代农业发展有限公司 ···················· 195

# 第一部分

## 全国畜禽养殖规模化情况

表1　全国生猪饲养规模比重变化情况　　　　　　　　单位：%

| 项目 | 2023 年 | 2022 年 |
|---|---|---|
| 年出栏 1～49 头 | 13.0 | 14.7 |
| 年出栏 50 头以上 | 87.0 | 85.3 |
| 年出栏 100 头以上 | 80.7 | 78.6 |
| 年出栏 500 头以上 | 68.1 | 65.1 |
| 年出栏 1000 头以上 | 58.8 | 55.5 |
| 年出栏 3000 头以上 | 45.3 | 42.1 |
| 年出栏 5000 头以上 | 36.9 | 33.9 |
| 年出栏 10000 头以上 | 28.1 | 25.7 |
| 年出栏 50000 头以上 | 13.6 | 12.0 |

注：此表比重指不同规模年出栏数占全部出栏数比重。

表2　全国蛋鸡饲养规模比重变化情况　　　　　　　　单位：%

| 项目 | 2023 年 | 2022 年 |
|---|---|---|
| 年末存栏 1～499 只 | 9.7 | 10.6 |
| 年末存栏 500 只以上 | 90.3 | 89.4 |
| 年末存栏 2000 只以上 | 84.5 | 83.0 |
| 年末存栏 10000 只以上 | 64.7 | 61.3 |
| 年末存栏 50000 只以上 | 34.5 | 30.9 |
| 年末存栏 100000 只以上 | 24.3 | 21.1 |
| 年末存栏 500000 只以上 | 8.4 | 6.8 |

注：此表比重指不同规模年末存栏数占全部存栏数比重。

表3　全国肉鸡饲养规模比重变化情况　　　　　　　　单位：%

| 项目 | 2023 年 | 2022 年 |
|---|---|---|
| 年出栏 1～1999 只 | 7.9 | 8.8 |
| 年出栏 2000 只以上 | 92.1 | 91.2 |
| 年出栏 10000 只以上 | 87.9 | 86.4 |
| 年出栏 30000 只以上 | 80.6 | 78.4 |
| 年出栏 50000 只以上 | 73.0 | 70.3 |
| 年出栏 100000 只以上 | 63.9 | 60.3 |
| 年出栏 500000 只以上 | 45.6 | 42.0 |
| 年出栏 100 万只以上 | 37.1 | 33.6 |

注：此表比重指不同规模年出栏数占全部出栏数比重。

# 第一部分　全国畜禽养殖规模化情况

表 4　全国奶牛饲养规模比重变化情况　　　　　　　　　　单位：%

| 项目 | 2023 年 | 2022 年 |
| --- | --- | --- |
| 年末存栏 1～49 头 | 19.5 | 21.8 |
| 年末存栏 50 头以上 | 80.5 | 78.2 |
| 年末存栏 100 头以上 | 76.0 | 73.9 |
| 年末存栏 200 头以上 | 72.6 | 70.4 |
| 年末存栏 500 头以上 | 67.3 | 64.7 |
| 年末存栏 1000 头以上 | 59.5 | 55.4 |
| 年末存栏 2000 头以上 | 47.8 | 43.3 |
| 年末存栏 5000 头以上 | 29.5 | 25.5 |

注：此表比重指不同规模年末存栏数占全部存栏数比重。

表 5　全国肉牛饲养规模比重变化情况　　　　　　　　　　单位：%

| 项目 | 2023 年 | 2022 年 |
| --- | --- | --- |
| 年出栏 1～9 头 | 39.4 | 42.1 |
| 年出栏 10 头以上 | 60.6 | 57.9 |
| 年出栏 50 头以上 | 37.2 | 34.8 |
| 年出栏 100 头以上 | 23.0 | 21.4 |
| 年出栏 500 头以上 | 9.8 | 9.0 |
| 年出栏 1000 头以上 | 5.7 | 4.9 |

注：此表比重指不同规模年出栏数占全部出栏数比重。

表 6　全国羊饲养规模比重变化情况　　　　　　　　　　单位：%

| 项目 | 2023 年 | 2022 年 |
| --- | --- | --- |
| 年出栏 1～29 只 | 27.5 | 29.6 |
| 年出栏 30 只以上 | 72.5 | 70.4 |
| 年出栏 100 只以上 | 48.7 | 46.7 |
| 年出栏 200 只以上 | 33.0 | 31.7 |
| 年出栏 500 只以上 | 20.1 | 19.0 |
| 年出栏 1000 只以上 | 13.5 | 12.6 |
| 年出栏 3000 只以上 | 8.1 | 7.2 |

注：此表比重指不同规模年出栏数占全部出栏数比重。

## 全国畜禽养殖规模化指标数据与案例分析

表7  全国畜禽养殖规模化情况    单位：%

| 年份 | 畜禽养殖规模化率 | 生猪 | 蛋鸡 | 肉鸡 | 奶牛 | 肉牛 | 羊 |
|---|---|---|---|---|---|---|---|
| 2023 | 73.2 | 68.1 | 84.5 | 87.9 | 76.0 | 37.2 | 48.7 |
| 2022 | 70.9 | 65.1 | 83.0 | 86.4 | 73.9 | 34.8 | 46.7 |
| 2021 | 69.0 | 62.0 | 81.9 | 85.7 | 70.8 | 32.9 | 44.7 |
| 2020 | 66.7 | 57.1 | 79.7 | 83.9 | 67.2 | 29.6 | 43.1 |
| 2019 | 64.5 | 53.0 | 78.1 | 82.5 | 64.0 | 27.4 | 40.7 |
| 2018 | 60.5 | 49.1 | 76.2 | 80.7 | 61.4 | 26.0 | 38.0 |
| 2017 | 58.5 | 46.9 | 73.8 | 78.7 | 58.3 | 26.3 | 38.7 |
| 2016 | 56.7 | 44.9 | 71.6 | 76.6 | 52.3 | 28.0 | 37.9 |
| 2015 | 54.4 | 43.3 | 69.5 | 74.8 | 48.3 | 27.8 | 36.7 |
| 2014 | 52.7 | 41.8 | 68.8 | 73.3 | 45.2 | 27.6 | 34.3 |
| 2013 | 51.7 | 40.8 | 68.3 | 71.9 | 41.1 | 27.3 | 31.1 |
| 2012 | 49.5 | 38.4 | 65.5 | 70.7 | 37.3 | 26.3 | 28.6 |
| 2011 | 47.7 | 36.6 | 64.5 | 69.3 | 32.9 | 24.6 | 25.0 |
| 2010 | 45.6 | 34.5 | 62.9 | 67.9 | 30.6 | 23.2 | 22.9 |
| 2009 | 42.6 | 31.7 | 59.7 | 64.2 | 26.8 | 21.8 | 21.1 |
| 2008 | 38.7 | 27.3 | 56.9 | 59.4 | 19.5 | 19.5 | 19.3 |
| 2007 | 32.8 | 21.8 | 47.9 | 55.0 | 16.4 | 15.9 | 17.3 |
| 2006 | 26.0 | 15.0 | 40.5 | 46.6 | 13.1 | 14.0 | 17.3 |
| 2005 | 24.9 | 13.1 | 39.1 | 46.0 | 11.2 | 15.2 | 15.8 |
| 2004 | 22.2 | 12.1 | 33.2 | 42.0 | 11.2 | 13.2 | 12.1 |
| 2003 | 20.6 | 10.6 | 28.7 | 39.3 | 12.5 | 13.5 | 20.0 |

注：1.农业农村部各畜种养殖规模分别按生猪年出栏500头以上、蛋鸡年末存栏2000只以上、肉鸡年出栏10000只以上、奶牛年末存栏100头以上、肉牛年出栏50头以上、羊年出栏100只以上标准测算。

2.历年畜禽养殖规模化率＝规模以上蛋白当量/各畜种总蛋白当量。

第一部分 全国畜禽养殖规模化情况

表8 各地区生猪饲养规模比重情况　　　　单位：%

| 地区 | 年出栏1~49头 | 年出栏50头以上 | 年出栏100头以上 | 年出栏500头以上 | 年出栏1000头以上 | 年出栏3000头以上 | 年出栏5000头以上 | 年出栏10000头以上 | 年出栏50000头以上 |
|---|---|---|---|---|---|---|---|---|---|
| 全国合计 | 13.0 | 87.0 | 80.7 | 68.1 | 58.8 | 45.3 | 36.9 | 28.1 | 13.6 |
| 北京 | 0.3 | 99.7 | 99.5 | 98.6 | 98.0 | 93.6 | 86.5 | 75.4 | 26.2 |
| 天津 | 0.8 | 99.2 | 96.7 | 84.8 | 64.6 | 42.9 | 29.5 | 18.7 | 9.3 |
| 河北 | 7.5 | 92.5 | 86.6 | 66.5 | 49.6 | 34.3 | 27.2 | 21.0 | 9.8 |
| 山西 | 3.3 | 96.7 | 91.1 | 71.2 | 60.6 | 45.4 | 36.4 | 26.0 | 13.5 |
| 内蒙古 | 21.2 | 78.8 | 74.8 | 66.2 | 60.2 | 53.0 | 48.2 | 43.2 | 32.3 |
| 辽宁 | 11.5 | 88.5 | 75.4 | 54.4 | 42.1 | 31.7 | 25.6 | 19.9 | 11.6 |
| 吉林 | 10.5 | 89.5 | 78.6 | 59.6 | 45.0 | 36.6 | 31.8 | 26.5 | 17.5 |
| 黑龙江 | 11.0 | 89.0 | 78.3 | 54.3 | 47.2 | 39.0 | 34.0 | 29.8 | 15.8 |
| 上海 | 0.0 | 100.0 | 100.0 | 99.9 | 99.3 | 89.7 | 88.2 | 84.6 | 35.9 |
| 江苏 | 4.0 | 96.0 | 91.8 | 81.2 | 75.3 | 64.7 | 58.3 | 48.5 | 24.8 |
| 浙江 | 4.3 | 95.7 | 94.5 | 89.0 | 84.0 | 72.0 | 63.9 | 51.9 | 13.1 |
| 安徽 | 5.2 | 94.8 | 91.2 | 81.7 | 71.9 | 55.5 | 46.9 | 38.1 | 23.3 |
| 福建 | 0.6 | 99.4 | 98.4 | 92.2 | 83.7 | 65.5 | 52.9 | 36.9 | 7.1 |
| 江西 | 3.1 | 96.9 | 94.7 | 87.1 | 79.1 | 61.1 | 48.2 | 33.2 | 11.3 |
| 山东 | 5.1 | 94.9 | 88.1 | 70.6 | 61.1 | 50.2 | 40.4 | 31.9 | 20.0 |
| 河南 | 3.9 | 96.1 | 93.2 | 81.5 | 71.4 | 59.4 | 52.6 | 44.9 | 30.3 |
| 湖北 | 15.7 | 84.3 | 78.3 | 66.1 | 60.3 | 48.6 | 41.2 | 30.9 | 16.3 |
| 湖南 | 10.4 | 89.6 | 83.7 | 72.9 | 60.9 | 46.6 | 37.4 | 27.8 | 9.1 |
| 广东 | 3.1 | 96.9 | 94.0 | 82.9 | 72.8 | 48.7 | 36.7 | 26.4 | 8.6 |
| 广西 | 13.1 | 86.9 | 80.5 | 71.5 | 64.9 | 46.6 | 36.4 | 23.4 | 6.8 |
| 海南 | 16.1 | 83.9 | 76.7 | 66.3 | 58.0 | 47.8 | 40.1 | 32.1 | 14.9 |
| 重庆 | 44.1 | 55.9 | 49.4 | 37.2 | 29.9 | 20.2 | 13.4 | 7.3 | 0.7 |
| 四川 | 19.4 | 80.6 | 74.0 | 64.8 | 53.7 | 36.1 | 23.3 | 14.4 | 3.8 |
| 贵州 | 44.4 | 55.6 | 49.4 | 37.3 | 34.7 | 23.9 | 16.9 | 11.2 | 4.5 |
| 云南 | 46.0 | 54.0 | 40.1 | 30.0 | 25.5 | 18.7 | 14.2 | 9.7 | 2.8 |
| 西藏 | 53.7 | 46.3 | 43.2 | 36.1 | 34.3 | 17.7 | 12.8 | 6.7 | |
| 陕西 | 8.7 | 91.3 | 84.5 | 71.2 | 57.5 | 44.4 | 35.5 | 25.2 | 10.9 |
| 甘肃 | 21.5 | 78.5 | 69.4 | 49.5 | 41.0 | 32.7 | 27.7 | 20.5 | 11.3 |
| 青海 | 56.5 | 43.5 | 32.6 | 21.1 | 16.7 | 12.0 | 11.4 | 7.9 | |
| 宁夏 | 17.4 | 82.6 | 72.2 | 45.5 | 36.5 | 30.2 | 24.7 | 11.2 | |
| 新疆 | 0.7 | 99.3 | 98.3 | 91.7 | 84.3 | 76.1 | 70.5 | 59.5 | 33.3 |

表 9 各地区蛋鸡饲养规模比重情况　　　　单位：%

| 地区 | 年末存栏 1~499 只 | 年末存栏 500 只以上 | 年末存栏 2000 只以上 | 年末存栏 10000 只以上 | 年末存栏 50000 只以上 | 年末存栏 100000 只以上 | 年末存栏 500000 只以上 |
|---|---|---|---|---|---|---|---|
| 全国合计 | 9.7 | 90.3 | 84.5 | 64.7 | 34.5 | 24.3 | 8.4 |
| 北京 | 4.6 | 95.4 | 94.4 | 92.3 | 80.2 | 71.7 | 46.9 |
| 天津 | 2.4 | 97.6 | 96.5 | 82.7 | 52.4 | 38.0 | 14.7 |
| 河北 | 9.2 | 90.8 | 81.8 | 47.1 | 20.0 | 13.4 | 4.2 |
| 山西 | 3.9 | 96.1 | 92.6 | 66.6 | 38.7 | 28.5 | 10.5 |
| 内蒙古 | 19.6 | 80.4 | 75.5 | 58.1 | 31.4 | 25.6 | 15.9 |
| 辽宁 | 8.7 | 91.3 | 87.6 | 62.1 | 26.1 | 17.5 | 4.9 |
| 吉林 | 7.5 | 92.5 | 87.6 | 61.7 | 27.7 | 17.4 | 9.0 |
| 黑龙江 | 19.3 | 80.7 | 63.1 | 31.5 | 18.1 | 11.6 | 5.0 |
| 上海 | 0.0 | 100.0 | 99.9 | 99.9 | 93.7 | 82.6 | 45.9 |
| 江苏 | 1.5 | 98.5 | 97.1 | 74.2 | 30.8 | 20.6 | 4.5 |
| 浙江 | 3.3 | 96.7 | 94.6 | 88.3 | 67.3 | 49.6 | 11.8 |
| 安徽 | 4.7 | 95.3 | 91.7 | 77.5 | 41.3 | 28.4 | 10.7 |
| 福建 | 6.1 | 93.9 | 90.3 | 85.7 | 77.0 | 67.2 | 25.7 |
| 江西 | 9.7 | 90.3 | 84.9 | 74.4 | 50.4 | 38.8 | 13.9 |
| 山东 | 2.0 | 98.0 | 96.5 | 75.1 | 36.7 | 22.9 | 5.6 |
| 河南 | 15.2 | 84.8 | 74.5 | 52.2 | 20.1 | 12.6 | 2.4 |
| 湖北 | 10.9 | 89.1 | 84.6 | 75.6 | 36.6 | 22.0 | 6.3 |
| 湖南 | 16.4 | 83.6 | 72.8 | 56.6 | 29.8 | 19.6 | 7.2 |
| 广东 | 8.2 | 91.8 | 90.2 | 84.8 | 65.8 | 53.6 | 29.8 |
| 广西 | 3.7 | 96.3 | 95.5 | 92.3 | 81.8 | 73.1 | 47.8 |
| 海南 | 3.6 | 96.4 | 95.8 | 94.3 | 87.1 | 69.4 | 28.4 |
| 重庆 | 20.5 | 79.5 | 71.5 | 62.5 | 38.3 | 26.4 | 3.6 |
| 四川 | 21.2 | 78.8 | 72.1 | 60.3 | 42.4 | 32.0 | 13.2 |
| 贵州 | 5.3 | 94.7 | 91.6 | 86.4 | 75.2 | 67.3 | 27.4 |
| 云南 | 12.8 | 87.2 | 83.7 | 71.3 | 40.9 | 29.0 | 5.4 |
| 西藏 | 9.9 | 90.1 | 87.9 | 80.9 | 57.2 | 57.2 | 57.2 |
| 陕西 | 7.7 | 92.3 | 86.1 | 61.9 | 30.3 | 22.2 | 7.2 |
| 甘肃 | 25.6 | 74.4 | 68.0 | 48.7 | 26.4 | 16.4 | 8.9 |
| 青海 | 1.9 | 98.1 | 97.6 | 94.5 | 62.2 | 47.4 |  |
| 宁夏 | 4.2 | 95.8 | 93.7 | 82.4 | 67.1 | 56.4 | 40.2 |
| 新疆 | 14.1 | 85.9 | 82.8 | 75.4 | 51.1 | 39.3 | 10.3 |

## 第一部分　全国畜禽养殖规模化情况

表10　各地区肉鸡饲养规模比重情况　　单位：%

| 地区 | 年出栏 1～1999只 | 年出栏 2000只以上 | 年出栏 10000只以上 | 年出栏 30000只以上 | 年出栏 50000只以上 | 年出栏 100000只以上 | 年出栏 500000只以上 | 年出栏 100万只以上 |
| --- | --- | --- | --- | --- | --- | --- | --- | --- |
| 全国合计 | 7.9 | 92.1 | 87.9 | 80.6 | 73.0 | 63.9 | 45.6 | 37.1 |
| 北京 | 4.9 | 95.1 | 73.2 | 73.2 | 58.2 | 58.2 | | |
| 天津 | 0.0 | 100.0 | 99.5 | 97.7 | 93.4 | 80.5 | 33.6 | 6.8 |
| 河北 | 1.6 | 98.4 | 92.7 | 87.5 | 80.1 | 68.2 | 41.6 | 32.1 |
| 山西 | 0.2 | 99.8 | 99.3 | 97.6 | 94.6 | 86.6 | 65.7 | 53.0 |
| 内蒙古 | 12.7 | 87.3 | 78.7 | 76.0 | 71.8 | 69.0 | 64.7 | 59.9 |
| 辽宁 | 0.8 | 99.2 | 98.4 | 95.2 | 90.8 | 82.7 | 54.7 | 38.9 |
| 吉林 | 0.8 | 99.2 | 94.9 | 88.0 | 84.2 | 80.2 | 64.5 | 55.2 |
| 黑龙江 | 12.5 | 87.5 | 80.7 | 77.2 | 75.4 | 73.8 | 62.9 | 59.5 |
| 上海 | 28.9 | 71.1 | 63.5 | 62.7 | 56.8 | 49.8 | | |
| 江苏 | 0.3 | 99.7 | 98.6 | 94.8 | 89.1 | 78.9 | 58.8 | 48.8 |
| 浙江 | 3.6 | 96.4 | 91.2 | 78.9 | 68.3 | 51.8 | 41.4 | 38.4 |
| 安徽 | 2.8 | 97.2 | 92.4 | 85.4 | 73.4 | 58.2 | 39.2 | 31.9 |
| 福建 | 5.8 | 94.2 | 92.0 | 89.4 | 87.7 | 86.1 | 78.8 | 77.2 |
| 江西 | 14.4 | 85.6 | 75.7 | 62.7 | 51.1 | 42.5 | 31.0 | 23.9 |
| 山东 | 0.1 | 99.9 | 99.7 | 98.4 | 95.2 | 85.9 | 59.9 | 48.3 |
| 河南 | 11.0 | 89.0 | 81.9 | 75.4 | 66.9 | 58.8 | 42.5 | 36.1 |
| 湖北 | 16.6 | 83.4 | 74.9 | 68.3 | 60.8 | 50.7 | 37.8 | 34.0 |
| 湖南 | 22.9 | 77.1 | 64.1 | 52.6 | 38.4 | 27.4 | 17.0 | 11.3 |
| 广东 | 11.2 | 88.8 | 83.6 | 65.1 | 43.1 | 26.0 | 14.1 | 10.6 |
| 广西 | 27.6 | 72.4 | 63.4 | 40.8 | 27.3 | 22.2 | 16.3 | 11.8 |
| 海南 | 31.2 | 68.8 | 60.9 | 37.9 | 20.8 | 14.8 | 9.7 | 7.8 |
| 重庆 | 36.4 | 63.6 | 47.6 | 33.7 | 24.3 | 18.7 | 13.0 | 10.2 |
| 四川 | 34.4 | 65.6 | 52.1 | 34.4 | 22.1 | 13.8 | 6.0 | 4.6 |
| 贵州 | 32.7 | 67.3 | 52.7 | 47.5 | 44.9 | 41.9 | 37.1 | 34.8 |
| 云南 | 36.8 | 63.2 | 48.6 | 26.2 | 14.3 | 8.0 | 3.9 | 2.9 |
| 西藏 | 6.7 | 93.3 | 85.0 | 77.2 | 77.2 | 77.2 | | |
| 陕西 | 7.3 | 92.7 | 87.1 | 77.4 | 71.8 | 58.7 | 39.8 | 19.1 |
| 甘肃 | 19.2 | 80.8 | 73.2 | 69.4 | 68.2 | 66.9 | 65.3 | 65.3 |
| 青海 | 21.2 | 78.8 | 72.8 | 58.1 | 48.0 | 28.5 | | |
| 宁夏 | 31.6 | 68.4 | 28.6 | 12.7 | 8.6 | 5.3 | | |
| 新疆 | 28.7 | 71.3 | 62.4 | 53.2 | 47.3 | 41.6 | 27.3 | 15.5 |

表 11 各地区奶牛饲养规模比重情况 单位：%

| 地区 | 年末存栏 1～49头 | 年末存栏 50头以上 | 年末存栏 100头以上 | 年末存栏 200头以上 | 年末存栏 500头以上 | 年末存栏 1000头以上 | 年末存栏 2000头以上 | 年末存栏 5000头以上 |
|---|---|---|---|---|---|---|---|---|
| 全国合计 | 19.5 | 80.5 | 76.0 | 72.6 | 67.3 | 59.5 | 47.8 | 29.5 |
| 北京 | 1.5 | 98.5 | 98.3 | 98.0 | 92.4 | 79.3 | 34.6 | 11.9 |
| 天津 |  | 100.0 | 99.9 | 99.7 | 94.6 | 77.8 | 56.1 | 7.0 |
| 河北 | 1.7 | 98.3 | 97.4 | 95.2 | 88.8 | 68.9 | 46.9 | 32.6 |
| 山西 | 20.0 | 80.0 | 74.8 | 71.5 | 60.5 | 48.7 | 35.1 | 24.0 |
| 内蒙古 | 17.0 | 83.0 | 76.7 | 70.1 | 66.6 | 62.3 | 55.4 | 34.5 |
| 辽宁 | 7.8 | 92.2 | 90.9 | 89.3 | 85.4 | 80.3 | 65.1 | 12.4 |
| 吉林 | 14.2 | 85.8 | 83.0 | 81.1 | 75.3 | 70.5 | 66.9 | 54.8 |
| 黑龙江 | 13.2 | 86.8 | 83.4 | 81.5 | 75.8 | 70.6 | 59.8 | 38.6 |
| 上海 | 0.1 | 99.9 | 99.8 | 99.8 | 99.4 | 91.8 | 70.0 | 56.9 |
| 江苏 | 0.6 | 99.4 | 98.8 | 97.3 | 90.2 | 79.0 | 59.3 | 36.3 |
| 浙江 | 2.5 | 97.5 | 96.7 | 95.6 | 90.4 | 70.3 | 36.4 | 10.7 |
| 安徽 | 0.1 | 99.9 | 99.8 | 98.6 | 95.7 | 90.9 | 85.5 | 69.4 |
| 福建 | 9.2 | 90.8 | 90.8 | 90.8 | 89.9 | 82.5 | 27.8 | 11.0 |
| 江西 | 21.2 | 78.8 | 58.9 | 56.9 | 43.5 | 25.9 | 25.9 |  |
| 山东 | 3.2 | 96.8 | 94.7 | 91.0 | 77.1 | 65.4 | 55.2 | 47.2 |
| 河南 | 23.8 | 76.2 | 69.5 | 67.3 | 57.1 | 47.8 | 36.9 | 28.4 |
| 湖北 | 0.5 | 99.5 | 98.4 | 95.8 | 80.4 | 76.0 | 76.0 | 0.0 |
| 湖南 | 32.5 | 67.5 | 65.1 | 61.2 | 58.9 | 51.8 | 22.5 | 22.5 |
| 广东 | 3.6 | 96.4 | 95.6 | 94.3 | 90.6 | 82.6 | 55.5 |  |
| 广西 | 10.9 | 89.1 | 85.4 | 81.7 | 72.2 | 66.2 | 45.0 |  |
| 海南 |  | 100.0 | 100.0 | 92.3 | 92.3 |  |  |  |
| 重庆 | 11.8 | 88.2 | 87.3 | 85.4 | 70.4 | 34.8 | 34.8 |  |
| 四川 | 35.3 | 64.7 | 60.7 | 56.2 | 45.3 | 35.6 | 20.8 | 12.1 |
| 贵州 | 3.7 | 96.3 | 96.3 | 94.4 | 79.0 | 79.0 | 28.5 | 0.0 |
| 云南 | 43.0 | 57.0 | 54.8 | 53.5 | 48.8 | 41.9 | 31.4 | 10.8 |
| 西藏 | 92.2 | 7.8 | 7.0 | 6.1 | 4.6 | 3.4 | 0.0 | 0.0 |
| 陕西 | 12.4 | 87.6 | 81.0 | 67.8 | 55.6 | 41.6 | 30.0 | 20.6 |
| 甘肃 | 13.8 | 86.2 | 84.5 | 83.7 | 82.6 | 81.6 | 75.9 | 44.1 |
| 青海 | 85.5 | 14.5 | 6.4 | 4.5 | 4.1 | 3.5 |  |  |
| 宁夏 | 1.0 | 99.0 | 98.8 | 98.5 | 97.7 | 93.8 | 80.7 | 48.2 |
| 新疆 | 61.3 | 38.7 | 25.7 | 21.6 | 18.6 | 16.0 | 10.4 | 2.0 |

表 12  各地区肉牛饲养规模比重情况　　　　　　单位：%

| 地区 | 年出栏 1～9头 | 年出栏 10 头以上 | 年出栏 50 头以上 | 年出栏 100 头以上 | 年出栏 500 头以上 | 年出栏 1000 头以上 |
|---|---|---|---|---|---|---|
| 全国合计 | 39.4 | 60.6 | 37.2 | 23.0 | 9.8 | 5.7 |
| 北京 | 5.8 | 94.2 | 67.8 | 53.5 | 25.5 | 19.3 |
| 天津 | 4.2 | 95.8 | 68.5 | 40.8 | 14.1 | 7.0 |
| 河北 | 28.4 | 71.6 | 43.9 | 25.2 | 9.1 | 4.3 |
| 山西 | 21.1 | 78.9 | 47.0 | 32.1 | 10.2 | 4.6 |
| 内蒙古 | 22.7 | 77.3 | 48.5 | 23.6 | 9.6 | 6.8 |
| 辽宁 | 22.9 | 77.1 | 47.6 | 29.5 | 9.3 | 2.8 |
| 吉林 | 25.3 | 74.7 | 48.4 | 29.1 | 13.6 | 9.8 |
| 黑龙江 | 26.0 | 74.0 | 42.7 | 17.2 | 4.6 | 2.4 |
| 上海 | | | | | | |
| 江苏 | 13.8 | 86.2 | 57.8 | 36.4 | 12.5 | 2.5 |
| 浙江 | 47.1 | 52.9 | 24.0 | 15.5 | 5.2 | 3.6 |
| 安徽 | 19.5 | 80.5 | 61.1 | 45.1 | 19.1 | 8.4 |
| 福建 | 64.9 | 35.1 | 12.3 | 8.5 | 3.7 | 1.8 |
| 江西 | 37.2 | 62.8 | 37.8 | 22.1 | 8.7 | 4.5 |
| 山东 | 12.8 | 87.2 | 67.9 | 53.5 | 31.5 | 20.3 |
| 河南 | 44.3 | 55.7 | 38.2 | 32.4 | 18.5 | 11.3 |
| 湖北 | 45.9 | 54.1 | 29.1 | 23.0 | 10.3 | 6.7 |
| 湖南 | 46.9 | 53.1 | 26.9 | 12.3 | 2.5 | 0.9 |
| 广东 | 54.6 | 45.4 | 22.8 | 13.3 | 6.7 | 5.2 |
| 广西 | 65.0 | 35.0 | 16.3 | 10.3 | 4.9 | 3.4 |
| 海南 | 58.7 | 41.3 | 17.2 | 8.1 | 1.7 | 0.5 |
| 重庆 | 58.8 | 41.2 | 19.7 | 13.2 | 4.1 | 2.6 |
| 四川 | 49.2 | 50.8 | 35.4 | 24.9 | 7.9 | 2.9 |
| 贵州 | 68.3 | 31.7 | 12.1 | 8.0 | 3.5 | 2.0 |
| 云南 | 76.1 | 23.9 | 11.0 | 6.5 | 2.3 | 1.3 |
| 西藏 | 88.0 | 12.0 | 4.6 | 2.4 | 1.0 | 0.8 |
| 陕西 | 36.2 | 63.8 | 42.9 | 26.0 | 6.2 | 2.0 |
| 甘肃 | 50.0 | 50.0 | 31.0 | 16.3 | 6.9 | 3.5 |
| 青海 | 34.9 | 65.1 | 36.9 | 17.0 | 2.7 | 1.2 |
| 宁夏 | 29.6 | 70.4 | 34.3 | 24.9 | 14.3 | 9.6 |
| 新疆 | 30.1 | 69.9 | 45.6 | 32.1 | 17.4 | 11.5 |

表 13  各地区羊饲养规模比重情况　　　　　　单位：%

| 地区 | 年出栏1～29只 | 年出栏30只以上 | 年出栏100只以上 | 年出栏200只以上 | 年出栏500只以上 | 年出栏1000只以上 | 年出栏3000只以上 |
|---|---|---|---|---|---|---|---|
| 全国合计 | 27.5 | 72.5 | 48.7 | 33.0 | 20.1 | 13.5 | 8.1 |
| 北京 | 29.0 | 71.0 | 31.7 | 16.0 | 5.6 | | |
| 天津 | 6.2 | 93.8 | 53.3 | 36.9 | 21.7 | 15.6 | 10.2 |
| 河北 | 19.8 | 80.2 | 47.6 | 39.0 | 30.8 | 24.1 | 15.9 |
| 山西 | 9.1 | 90.9 | 71.1 | 51.2 | 35.6 | 28.2 | 19.7 |
| 内蒙古 | 9.5 | 90.5 | 70.8 | 44.1 | 22.7 | 13.4 | 7.6 |
| 辽宁 | 13.5 | 86.5 | 58.3 | 34.1 | 17.1 | 8.3 | 3.8 |
| 吉林 | 8.7 | 91.3 | 54.1 | 34.9 | 18.5 | 12.9 | 6.7 |
| 黑龙江 | 18.8 | 81.2 | 50.5 | 20.1 | 8.3 | 4.1 | 1.8 |
| 上海 | 52.0 | 48.0 | 19.9 | 19.8 | 19.2 | 15.9 | 11.9 |
| 江苏 | 34.0 | 66.0 | 49.3 | 40.9 | 30.8 | 21.7 | 9.8 |
| 浙江 | 22.4 | 77.6 | 69.4 | 64.6 | 54.9 | 47.7 | 31.6 |
| 安徽 | 27.2 | 72.8 | 48.9 | 40.9 | 33.8 | 25.9 | 16.6 |
| 福建 | 36.7 | 63.3 | 22.5 | 14.0 | 7.6 | 5.2 | 1.6 |
| 江西 | 18.5 | 81.5 | 64.5 | 42.2 | 27.6 | 19.6 | 12.2 |
| 山东 | 21.1 | 78.9 | 57.8 | 47.3 | 37.1 | 29.3 | 17.1 |
| 河南 | 54.2 | 45.8 | 28.6 | 25.5 | 21.9 | 18.9 | 13.7 |
| 湖北 | 51.6 | 48.4 | 20.4 | 15.1 | 8.6 | 6.1 | 1.7 |
| 湖南 | 42.9 | 57.1 | 29.1 | 16.7 | 5.0 | 1.2 | 0.5 |
| 广东 | 25.4 | 74.6 | 44.1 | 23.4 | 10.3 | 6.5 | 2.3 |
| 广西 | 37.9 | 62.1 | 36.3 | 21.6 | 13.2 | 10.8 | 8.3 |
| 海南 | 51.2 | 48.8 | 16.3 | 8.3 | 5.5 | 4.3 | 2.9 |
| 重庆 | 60.8 | 39.2 | 13.1 | 7.9 | 3.5 | 2.0 | 0.6 |
| 四川 | 60.1 | 39.9 | 18.0 | 10.7 | 4.8 | 2.0 | 0.9 |
| 贵州 | 54.0 | 46.0 | 13.9 | 7.1 | 3.1 | 2.2 | 1.7 |
| 云南 | 68.7 | 31.3 | 8.5 | 3.1 | 1.1 | 0.5 | 0.1 |
| 西藏 | 64.9 | 35.1 | 18.5 | 12.1 | 11.4 | 10.7 | 9.3 |
| 陕西 | 22.8 | 77.2 | 41.8 | 18.6 | 8.0 | 3.8 | 1.9 |
| 甘肃 | 29.5 | 70.5 | 47.9 | 34.6 | 22.4 | 14.3 | 8.9 |
| 青海 | 13.1 | 86.9 | 60.7 | 36.8 | 13.1 | 5.6 | 1.3 |
| 宁夏 | 17.0 | 83.0 | 58.4 | 36.1 | 19.0 | 11.5 | 7.3 |
| 新疆 | 29.0 | 71.0 | 46.4 | 31.1 | 15.6 | 8.3 | 4.0 |

## 第一部分 全国畜禽养殖规模化情况

表14 各地区生猪饲养规模场（户）数情况　　　　　单位：个

| 地区 | 年出栏1~49头场（户）数 | 年出栏50~99头场（户）数 | 年出栏100~499头场（户）数 | 年出栏500~999头场（户）数 | 年出栏1000~2999头场（户）数 | 年出栏3000~4999头场（户）数 | 年出栏5000~9999头场（户）数 | 年出栏10000~49999头场（户）数 | 年出栏50000头以上场（户）数 |
|---|---|---|---|---|---|---|---|---|---|
| 全国总计 | 17013118 | 655879 | 380659 | 94841 | 54243 | 16162 | 9261 | 5542 | 1107 |
| 北京 | 74 | 10 | 11 | 2 | 9 | 5 | 5 | 9 | 1 |
| 天津 | 559 | 705 | 1509 | 617 | 305 | 76 | 37 | 13 | 2 |
| 河北 | 186016 | 27137 | 25609 | 7052 | 2416 | 579 | 283 | 159 | 34 |
| 山西 | 31567 | 14152 | 15411 | 3064 | 1704 | 464 | 295 | 123 | 20 |
| 内蒙古 | 545281 | 7584 | 4175 | 1098 | 680 | 162 | 92 | 64 | 28 |
| 辽宁 | 361117 | 56527 | 26912 | 5695 | 1784 | 516 | 260 | 121 | 49 |
| 吉林 | 213622 | 25581 | 14772 | 3017 | 745 | 204 | 115 | 58 | 29 |
| 黑龙江 | 120762 | 32678 | 20085 | 1973 | 818 | 262 | 123 | 122 | 38 |
| 上海 | 3 | 1 | 2 | 9 | 61 | 4 | 5 | 24 | 6 |
| 江苏 | 55791 | 13288 | 10174 | 2079 | 1352 | 374 | 322 | 266 | 61 |
| 浙江 | 94002 | 1634 | 1876 | 675 | 664 | 196 | 164 | 175 | 16 |
| 安徽 | 230463 | 15701 | 11119 | 3980 | 2547 | 688 | 392 | 210 | 83 |
| 福建 | 4200 | 2310 | 3595 | 1856 | 1633 | 511 | 372 | 266 | 14 |
| 江西 | 131040 | 10261 | 8124 | 3436 | 3193 | 1077 | 684 | 403 | 48 |
| 山东 | 108705 | 46384 | 38573 | 6587 | 2846 | 1242 | 598 | 295 | 93 |
| 河南 | 228221 | 28994 | 31785 | 10283 | 4717 | 1246 | 772 | 517 | 221 |
| 湖北 | 1536672 | 37359 | 23057 | 4010 | 3143 | 878 | 693 | 351 | 81 |
| 湖南 | 1106183 | 54321 | 27243 | 10429 | 4881 | 1515 | 877 | 648 | 73 |
| 广东 | 53881 | 16344 | 20404 | 5539 | 5146 | 1243 | 569 | 324 | 35 |
| 广西 | 566144 | 31504 | 13860 | 3524 | 3889 | 965 | 660 | 329 | 27 |
| 海南 | 55091 | 5341 | 2111 | 610 | 279 | 104 | 52 | 45 | 11 |
| 重庆 | 1594587 | 13175 | 7075 | 1512 | 864 | 263 | 135 | 52 | 1 |
| 四川 | 3371409 | 66296 | 27505 | 9256 | 6025 | 2143 | 825 | 413 | 35 |
| 贵州 | 1852149 | 11598 | 6207 | 497 | 811 | 259 | 120 | 51 | 8 |
| 云南 | 3643950 | 103536 | 18703 | 2867 | 1750 | 569 | 311 | 198 | 22 |
| 西藏 | 24862 | 68 | 48 | 4 | 15 | 2 | 1 | 1 | 0 |
| 陕西 | 257839 | 15395 | 9332 | 2724 | 1038 | 337 | 215 | 121 | 23 |
| 甘肃 | 514930 | 13877 | 7837 | 1328 | 492 | 140 | 118 | 52 | 14 |
| 青海 | 87047 | 1034 | 408 | 43 | 18 | 1 | 4 | 3 | 0 |
| 宁夏 | 33602 | 1791 | 1094 | 147 | 40 | 18 | 20 | 7 | 0 |
| 新疆 | 3349 | 1293 | 2043 | 928 | 378 | 119 | 142 | 122 | 34 |

11

表15 各地区蛋鸡饲养规模场（户）数情况　　　　　　　　　单位：个

| 地区 | 年末存栏1～499只场（户）数 | 年末存栏500～1999只场（户）数 | 年末存栏2000～9999只场（户）数 | 年末存栏10000～49999只场（户）数 | 年末存栏50000～99999只场（户）数 | 年末存栏100000～499999只场（户）数 | 年末存栏500000只以上场（户）数 |
|---|---|---|---|---|---|---|---|
| 全国总计 | 7997505 | 121998 | 90155 | 36836 | 3716 | 2135 | 227 |
| 北京 | 14762 | 85 | 41 | 41 | 9 | 11 | 2 |
| 天津 | 2708 | 181 | 508 | 341 | 31 | 24 | 2 |
| 河北 | 270664 | 21800 | 17982 | 3833 | 302 | 176 | 15 |
| 山西 | 89244 | 3055 | 5693 | 1661 | 166 | 101 | 8 |
| 内蒙古 | 507008 | 2963 | 1515 | 497 | 46 | 21 | 8 |
| 辽宁 | 492598 | 4228 | 6699 | 2439 | 164 | 96 | 5 |
| 吉林 | 187887 | 2717 | 2230 | 900 | 82 | 27 | 6 |
| 黑龙江 | 205142 | 10040 | 5153 | 454 | 65 | 24 | 5 |
| 上海 | 2 | 1 | 0 | 4 | 3 | 3 | 1 |
| 江苏 | 44113 | 1714 | 7158 | 3472 | 232 | 141 | 7 |
| 浙江 | 26003 | 452 | 278 | 199 | 54 | 41 | 3 |
| 安徽 | 208826 | 3070 | 2308 | 1446 | 180 | 94 | 13 |
| 福建 | 49399 | 808 | 285 | 107 | 46 | 68 | 11 |
| 江西 | 168400 | 3381 | 1327 | 800 | 117 | 76 | 11 |
| 山东 | 194419 | 3717 | 10446 | 5566 | 553 | 240 | 16 |
| 河南 | 657529 | 24432 | 10895 | 4502 | 330 | 166 | 9 |
| 湖北 | 738150 | 8500 | 3335 | 4527 | 507 | 213 | 19 |
| 湖南 | 511821 | 9848 | 3314 | 1242 | 151 | 74 | 7 |
| 广东 | 319172 | 551 | 364 | 231 | 59 | 45 | 12 |
| 广西 | 143181 | 162 | 157 | 118 | 38 | 40 | 12 |
| 海南 | 19976 | 40 | 34 | 26 | 28 | 25 | 3 |
| 重庆 | 240789 | 2461 | 489 | 349 | 49 | 39 | 1 |
| 四川 | 1302092 | 7258 | 2511 | 891 | 149 | 99 | 14 |
| 贵州 | 164403 | 1247 | 410 | 231 | 50 | 82 | 15 |
| 云南 | 398054 | 1749 | 1630 | 924 | 94 | 72 | 2 |
| 西藏 | 13555 | 31 | 22 | 17 | 0 | 0 | 1 |
| 陕西 | 221529 | 3559 | 2964 | 1006 | 66 | 49 | 5 |
| 甘肃 | 417055 | 2183 | 1335 | 436 | 55 | 15 | 4 |
| 青海 | 1607 | 4 | 8 | 20 | 3 | 4 | 0 |
| 宁夏 | 46418 | 289 | 299 | 107 | 16 | 6 | 5 |
| 新疆 | 340999 | 1472 | 765 | 449 | 71 | 63 | 5 |

## 第一部分 全国畜禽养殖规模化情况

表16 各地区肉鸡饲养规模场（户）数情况　　　单位：个

| 地区 | 年出栏1～1999只场（户）数 | 年出栏2000～9999只场（户）数 | 年出栏10000～29999只场（户）数 | 年出栏30000～49999只场（户）数 | 年出栏50000～99999只场（户）数 | 年出栏100000～499999只场（户）数 | 年出栏500000～999999只场（户）数 | 年出栏100万只以上场（户）数 |
|---|---|---|---|---|---|---|---|---|
| 全国总计 | 17735283 | 116693 | 52648 | 26986 | 18026 | 12466 | 1702 | 2194 |
| 北京 | 92 | 8 | 0 | 1 | 0 | 1 | 0 | 0 |
| 天津 | 21 | 42 | 58 | 58 | 79 | 98 | 16 | 1 |
| 河北 | 53393 | 8053 | 2127 | 1365 | 1175 | 1014 | 102 | 108 |
| 山西 | 7463 | 325 | 339 | 223 | 321 | 288 | 51 | 70 |
| 内蒙古 | 150932 | 2477 | 137 | 77 | 30 | 19 | 7 | 8 |
| 辽宁 | 66318 | 2287 | 2514 | 1757 | 1943 | 2423 | 405 | 373 |
| 吉林 | 30566 | 3849 | 1910 | 374 | 219 | 227 | 51 | 103 |
| 黑龙江 | 156511 | 2865 | 328 | 84 | 40 | 81 | 10 | 37 |
| 上海 | 415 | 15 | 1 | 2 | 1 | 4 | 0 | 0 |
| 江苏 | 14106 | 1139 | 1255 | 911 | 888 | 634 | 89 | 107 |
| 浙江 | 198015 | 1842 | 1111 | 459 | 393 | 105 | 7 | 15 |
| 安徽 | 485001 | 6688 | 2501 | 2160 | 1638 | 572 | 74 | 85 |
| 福建 | 341832 | 3397 | 1202 | 351 | 204 | 293 | 21 | 210 |
| 江西 | 315465 | 6134 | 2085 | 1016 | 398 | 149 | 32 | 19 |
| 山东 | 64108 | 1440 | 2395 | 2787 | 4544 | 4478 | 561 | 772 |
| 河南 | 182606 | 7586 | 1975 | 1444 | 698 | 390 | 57 | 85 |
| 湖北 | 380254 | 6006 | 1171 | 727 | 545 | 238 | 21 | 36 |
| 湖南 | 2362781 | 9123 | 2111 | 1402 | 605 | 198 | 28 | 12 |
| 广东 | 1465587 | 11308 | 9194 | 6106 | 2608 | 596 | 53 | 48 |
| 广西 | 3108914 | 14999 | 10990 | 2875 | 648 | 283 | 59 | 50 |
| 海南 | 346057 | 1954 | 1466 | 562 | 124 | 28 | 3 | 2 |
| 重庆 | 412342 | 1989 | 418 | 138 | 48 | 13 | 2 | 2 |
| 四川 | 2775719 | 9466 | 2938 | 954 | 344 | 129 | 7 | 3 |
| 贵州 | 1262205 | 2762 | 248 | 57 | 39 | 22 | 3 | 7 |
| 云南 | 2400765 | 5570 | 2832 | 766 | 219 | 56 | 4 | 3 |
| 西藏 | 5305 | 10 | 4 | 0 | 0 | 3 | 0 | 0 |
| 陕西 | 142142 | 981 | 445 | 116 | 161 | 56 | 22 | 5 |
| 甘肃 | 448972 | 1407 | 208 | 32 | 17 | 6 | 0 | 27 |
| 青海 | 10604 | 10 | 6 | 2 | 2 | 1 | 0 | 0 |
| 宁夏 | 60467 | 681 | 103 | 10 | 4 | 2 | 0 | 0 |
| 新疆 | 486325 | 2280 | 576 | 170 | 91 | 59 | 17 | 6 |

表17 各地区奶牛饲养规模场（户）数情况　　　单位：个

| 地区 | 年末存栏1~49头场（户）数 | 年末存栏50~99头场（户）数 | 年末存栏100~199头场（户）数 | 年末存栏200~499头场（户）数 | 年末存栏500~999头场（户）数 | 年末存栏1000~1999头场（户）数 | 年末存栏2000~4999头场（户）数 | 年末存栏5000头以上场（户）数 |
|---|---|---|---|---|---|---|---|---|
| 全国总计 | 442632 | 7152 | 2460 | 1532 | 1053 | 802 | 585 | 309 |
| 北京 | 62 | 2 | 1 | 8 | 10 | 15 | 5 | 1 |
| 天津 | 0 | 1 | 2 | 12 | 20 | 15 | 16 | 1 |
| 河北 | 1228 | 172 | 221 | 221 | 337 | 193 | 65 | 34 |
| 山西 | 8438 | 283 | 85 | 116 | 65 | 42 | 14 | 11 |
| 内蒙古 | 19831 | 2054 | 1018 | 211 | 117 | 92 | 117 | 81 |
| 辽宁 | 1604 | 38 | 26 | 26 | 14 | 21 | 45 | 3 |
| 吉林 | 707 | 23 | 9 | 10 | 4 | 2 | 2 | 2 |
| 黑龙江 | 11478 | 395 | 92 | 113 | 50 | 52 | 45 | 30 |
| 上海 | 1 | 1 | 0 | 1 | 6 | 8 | 3 | 3 |
| 江苏 | 42 | 12 | 16 | 33 | 23 | 21 | 12 | 7 |
| 浙江 | 110 | 5 | 4 | 7 | 15 | 11 | 4 | 1 |
| 安徽 | 14 | 2 | 11 | 12 | 9 | 5 | 8 | 6 |
| 福建 | 965 | 0 | 0 | 1 | 4 | 19 | 2 | 1 |
| 江西 | 140 | 32 | 1 | 4 | 2 | 0 | 1 | 0 |
| 山东 | 1507 | 221 | 181 | 292 | 120 | 57 | 18 | 33 |
| 河南 | 12878 | 348 | 59 | 105 | 45 | 29 | 11 | 12 |
| 湖北 | 5 | 2 | 3 | 8 | 1 | 0 | 3 | 0 |
| 湖南 | 810 | 7 | 6 | 2 | 2 | 4 | 0 | 1 |
| 广东 | 441 | 10 | 5 | 5 | 6 | 13 | 10 | 0 |
| 广西 | 195 | 16 | 7 | 8 | 2 | 4 | 3 | 0 |
| 海南 | 0 | 0 | 1 | 0 | 2 | 0 | 0 | 0 |
| 重庆 | 234 | 1 | 1 | 3 | 3 | 0 | 1 | 0 |
| 四川 | 3235 | 44 | 24 | 24 | 10 | 8 | 2 | 1 |
| 贵州 | 45 | 0 | 1 | 4 | 0 | 3 | 1 | 0 |
| 云南 | 22947 | 59 | 16 | 23 | 17 | 14 | 15 | 3 |
| 西藏 | 67934 | 22 | 11 | 10 | 3 | 5 | 0 | 0 |
| 陕西 | 5837 | 337 | 223 | 104 | 61 | 21 | 9 | 4 |
| 甘肃 | 9440 | 91 | 26 | 13 | 6 | 16 | 30 | 16 |
| 青海 | 20967 | 135 | 15 | 2 | 1 | 2 | 0 | 0 |
| 宁夏 | 708 | 32 | 22 | 22 | 48 | 85 | 107 | 54 |
| 新疆 | 250829 | 2807 | 373 | 132 | 50 | 45 | 36 | 4 |

## 第一部分 全国畜禽养殖规模化情况

表18 各地区肉牛饲养规模场（户）数情况　　　　单位：个

| 地区 | 年出栏1～9头场（户）数 | 年出栏10～49头场（户）数 | 年出栏50～99头场（户）数 | 年出栏100～499头场（户）数 | 年出栏500～999头场（户）数 | 年出栏1000头以上场（户）数 |
|---|---|---|---|---|---|---|
| 全国总计 | 6753690 | 526217 | 99106 | 28953 | 3018 | 1193 |
| 北京 | 243 | 213 | 46 | 32 | 2 | 2 |
| 天津 | 1632 | 1583 | 751 | 179 | 17 | 6 |
| 河北 | 160352 | 27818 | 6271 | 1560 | 194 | 60 |
| 山西 | 41941 | 13806 | 2453 | 1364 | 87 | 32 |
| 内蒙古 | 351653 | 66047 | 16185 | 2575 | 192 | 118 |
| 辽宁 | 193432 | 45187 | 7816 | 2530 | 286 | 42 |
| 吉林 | 198896 | 29901 | 6222 | 1266 | 125 | 48 |
| 黑龙江 | 103826 | 26902 | 7487 | 1097 | 69 | 24 |
| 上海 | 0 | 0 | 0 | 0 | 0 | 0 |
| 江苏 | 5579 | 2148 | 540 | 192 | 24 | 3 |
| 浙江 | 13179 | 882 | 87 | 44 | 2 | 2 |
| 安徽 | 61643 | 6341 | 2025 | 1052 | 138 | 51 |
| 福建 | 37998 | 2304 | 159 | 58 | 9 | 3 |
| 江西 | 213493 | 15740 | 3429 | 898 | 104 | 35 |
| 山东 | 68185 | 16965 | 3983 | 2076 | 322 | 128 |
| 河南 | 446385 | 20310 | 2771 | 1692 | 346 | 157 |
| 湖北 | 241083 | 17234 | 1650 | 1152 | 98 | 65 |
| 湖南 | 305179 | 19971 | 3525 | 853 | 40 | 6 |
| 广东 | 78143 | 3555 | 522 | 109 | 9 | 8 |
| 广西 | 358594 | 12918 | 1311 | 359 | 33 | 22 |
| 海南 | 53171 | 2844 | 323 | 76 | 4 | 1 |
| 重庆 | 112299 | 4267 | 454 | 217 | 12 | 3 |
| 四川 | 433564 | 14128 | 3018 | 1529 | 141 | 39 |
| 贵州 | 463721 | 11836 | 833 | 290 | 30 | 15 |
| 云南 | 1290380 | 24352 | 2571 | 776 | 61 | 16 |
| 西藏 | 211637 | 5369 | 397 | 82 | 4 | 4 |
| 陕西 | 82280 | 6193 | 1676 | 613 | 40 | 10 |
| 甘肃 | 506004 | 28885 | 7477 | 1597 | 151 | 58 |
| 青海 | 135855 | 25339 | 6170 | 1645 | 55 | 16 |
| 宁夏 | 131368 | 25600 | 1630 | 654 | 83 | 41 |
| 新疆 | 451975 | 47579 | 7324 | 2386 | 340 | 178 |

## 表19 各地区羊饲养规模场（户）数情况

单位：个

| 地区 | 年出栏1～29只场（户）数 | 年出栏30～99只场（户）数 | 年出栏100～199只场（户）数 | 年出栏200～499只场（户）数 | 年出栏500～999只场（户）数 | 年出栏1000～2999只场（户）数 | 年出栏3000只以上场（户）数 |
|---|---|---|---|---|---|---|---|
| 全国总计 | 8347874 | 1405460 | 362626 | 134389 | 31135 | 9621 | 3045 |
| 北京 | 2958 | 972 | 143 | 41 | 9 | 0 | 0 |
| 天津 | 1442 | 2456 | 502 | 225 | 38 | 11 | 5 |
| 河北 | 272586 | 116032 | 12371 | 5065 | 1928 | 910 | 233 |
| 山西 | 73351 | 50965 | 21044 | 7405 | 1538 | 669 | 365 |
| 内蒙古 | 400706 | 213461 | 108368 | 40756 | 8027 | 1670 | 388 |
| 辽宁 | 130182 | 69742 | 23880 | 7290 | 1703 | 346 | 82 |
| 吉林 | 77392 | 49409 | 9394 | 3239 | 591 | 232 | 50 |
| 黑龙江 | 68107 | 30172 | 12051 | 2170 | 346 | 75 | 25 |
| 上海 | 13136 | 514 | 1 | 2 | 5 | 3 | 3 |
| 江苏 | 236643 | 17403 | 3206 | 1697 | 700 | 373 | 77 |
| 浙江 | 59910 | 2196 | 495 | 438 | 155 | 142 | 76 |
| 安徽 | 201699 | 35275 | 4851 | 1866 | 1006 | 428 | 150 |
| 福建 | 30786 | 6238 | 606 | 234 | 38 | 25 | 5 |
| 江西 | 35117 | 5797 | 3053 | 857 | 238 | 94 | 49 |
| 山东 | 302785 | 61836 | 12591 | 5224 | 1799 | 1128 | 539 |
| 河南 | 851523 | 60604 | 4605 | 2336 | 853 | 511 | 197 |
| 湖北 | 323592 | 33143 | 2613 | 1459 | 260 | 196 | 12 |
| 湖南 | 318644 | 36046 | 6894 | 2972 | 438 | 31 | 8 |
| 广东 | 10762 | 3434 | 1071 | 258 | 39 | 16 | 3 |
| 广西 | 84380 | 10890 | 2491 | 647 | 83 | 34 | 14 |
| 海南 | 19447 | 4486 | 391 | 60 | 12 | 8 | 4 |
| 重庆 | 281316 | 15766 | 1318 | 478 | 84 | 28 | 7 |
| 四川 | 1440547 | 72867 | 8483 | 2868 | 628 | 113 | 28 |
| 贵州 | 278420 | 13764 | 1057 | 283 | 31 | 8 | 3 |
| 云南 | 683589 | 52255 | 4229 | 746 | 106 | 29 | 2 |
| 西藏 | 181735 | 8774 | 1049 | 68 | 24 | 23 | 50 |
| 陕西 | 194519 | 51097 | 12272 | 2518 | 493 | 95 | 18 |
| 甘肃 | 664644 | 124389 | 31304 | 11425 | 3759 | 1052 | 317 |
| 青海 | 65895 | 33028 | 13305 | 6481 | 956 | 179 | 18 |
| 宁夏 | 105409 | 37989 | 14111 | 4675 | 906 | 220 | 103 |
| 新疆 | 936652 | 184460 | 44877 | 20606 | 4342 | 972 | 214 |

## 第一部分 全国畜禽养殖规模化情况

表 20　畜禽养殖场规模标准

| 序号 | 畜禽种类 | | 规模标准 |
|---|---|---|---|
| （一） | 猪 | | 年出栏量五百头以上 |
| （二） | 普通牛、瘤牛、水牛、牦牛、大额牛 | 肉牛 | 年出栏量五十头以上 |
| | | 奶牛 | 存栏量一百头以上 |
| | | 牦牛 | 存栏量二百头以上 |
| （三） | 绵羊、山羊 | | 年出栏量二百只以上 |
| （四） | 马 | | 存栏量五十匹以上 |
| （五） | 驴 | | 存栏量五十匹以上 |
| （六） | 骆驼 | | 存栏量五十匹以上 |
| （七） | 兔 | | 年出栏量五千只以上 |
| （八） | 鸡 | 肉鸡 | 年出栏量一万只以上 |
| | | 蛋鸡 | 存栏量二千只以上 |
| （九） | 鸭 | 肉鸭 | 年出栏量一万只以上 |
| | | 蛋鸭 | 存栏量二千只以上 |
| （十） | 鹅 | | 年出栏量五千只以上 |
| （十一） | 鸽 | | 年出栏量一万只以上 |
| （十二） | 鹌鹑 | | 存栏量四万只以上 |
| （十三） | 梅花鹿 | | 存栏量五百只以上 |
| （十四） | 马鹿 | | 存栏量五百只以上 |
| （十五） | 驯鹿 | | 存栏量五百只以上 |
| （十六） | 羊驼 | | 存栏量三百只以上 |
| （十七） | 火鸡 | | 年出栏量五百只以上 |
| （十八） | 珍珠鸡 | | 年出栏量一千五百只以上 |
| （十九） | 雉鸡 | | 存栏量二千只以上 |
| （二十） | 鹧鸪 | | 年出栏量二万只以上 |
| （二十一） | 番鸭 | | 年出栏量一万只以上 |
| （二十二） | 绿头鸭 | | 年出栏量一万只以上 |
| （二十三） | 鸵鸟 | | 年出栏量一百只以上 |
| （二十四） | 鸸鹋 | | 年出栏量二百只以上 |
| （二十五） | 水貂（非食用） | | 年出栏量五千只以上 |
| （二十六） | 银狐（非食用） | | 年出栏量一千只以上 |
| （二十七） | 北极狐（非食用） | | 年出栏量一千只以上 |
| （二十八） | 貉（非食用） | | 年出栏量一千只以上 |

资料来源：《中华人民共和国农业农村部公告 第 927 号》。
注：养殖规模按照畜禽养殖场的设计生产能力进行测算。

# 第二部分

## 畜禽标准化规模养殖典型案例

# 生猪篇

## 生态循环护环境　自动测定强选育
### ——北京中育种猪有限责任公司南口种猪场

导言：北京中育种猪有限责任公司南口种猪场由原基础母猪600头的平房模式种猪场改扩建为基础母猪3000头的楼房模式现代化种猪场，集成精准饲喂、生产性能智能测定、智能养殖等技术模式，人均饲养基础母猪数从38头提高至55头，生产效率提升40%。

## 一、企业基本情况

### （一）企业简述

北京中育种猪有限责任公司南口种猪场（以下简称"南口种猪场"），隶属于北京首农食品集团下属的北京中育种猪有限责任公司，是中育种猪的主要繁育生产基地之一。南口种猪场始建于1992年，位于北京市昌平区南口农场三分场南。2020年由原基础母猪600头的平房模式种猪场改扩建为基础母猪3000头的楼房模式现代化种猪场，占地面积201亩[①]，总投资3.4亿元，饲养长白猪和大白猪。目前有工作人员52人，其中本科及以上学历3人、大专学历11人、中专学历4人。北京中育种猪有限责任公司是国家级重点种猪育种基地、国家生猪核心育种场、国家级疫病净化示范场、北京市"菜篮子"系统工程标准化示范场。

### （二）场区平面设计

南口种猪场设有洗消中心和主生产区2个场区，其中主生产区按公猪、后备、配怀、分娩、保育、育肥等生产阶段建设为不同的功能区，各功能区是独立的楼栋，楼栋之间有封闭连廊连接，上下楼层有电梯和旋转走廊连通。

---

① 1亩约为667平方米，全书同。

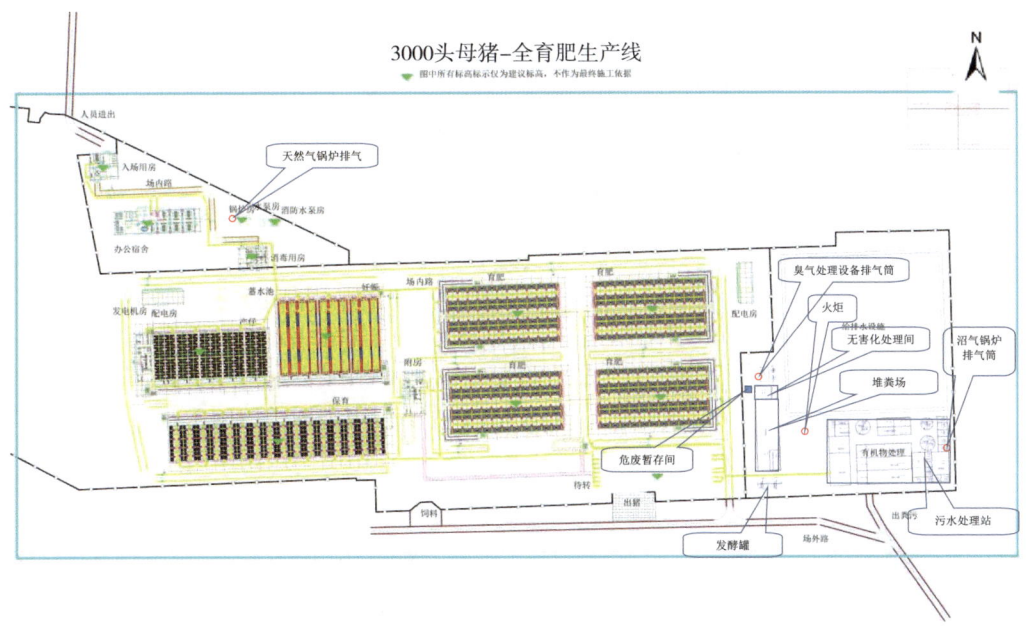

南口种猪场生产区平面布置图

## 二、主要做法

### （一）养殖建筑情况及特点

南口种猪场洗消中心建有一栋车辆洗消烘干车间，用于内部车辆的清洗、消毒和烘干；一栋待售和中转猪舍，配有装猪台，用于出栏生猪的待售中转与出售；一栋综合用房，用于人员隔离检测、物资消毒静置和外勤人员办公。

楼内采用大跨度设计、机械通风、自然采光和人工照明相结合。根据生产工艺和防疫需求，分隔为互相独立又集中分布的小单元。公猪舍和后备母猪舍由原公猪站改建而成，与配怀分娩舍之间有电动小火车连接。死淘间安装具有自主发明专利的滑降通道用于转移高层病死猪。进场通道设置有多重人员更衣洗澡通道及物资、车辆专用消毒通道，合理配备消毒设施。场内实行人车分流、净道污道严格分开，避免交叉。有配电室、锅炉房、水井房、员工办公宿舍区、中心厨房等配套设施。南口种猪场的生产工艺流程如下：

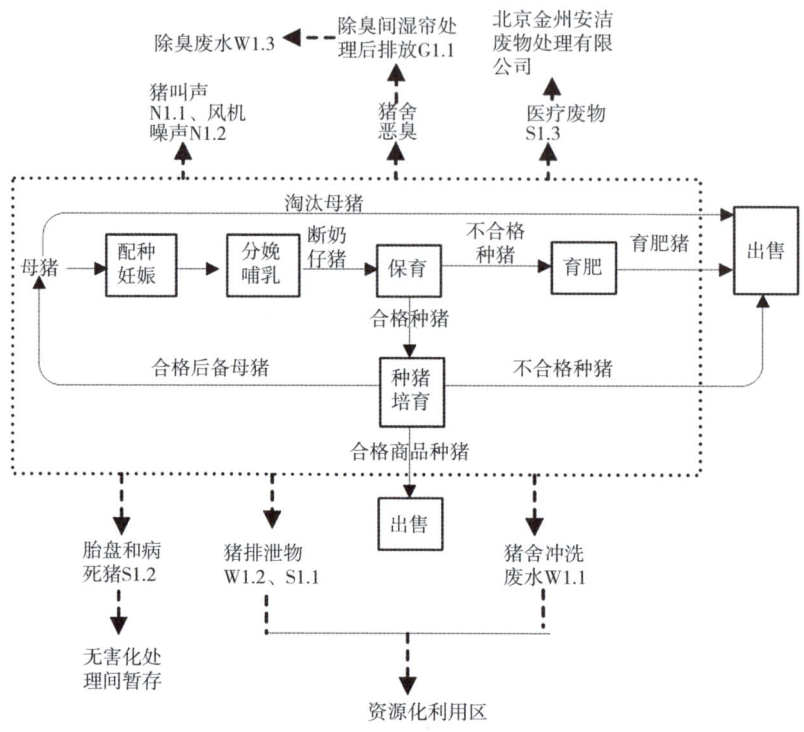

南口种猪场生产工艺流程图

## （二）养殖设施设备情况及生产技术模式

### 1. 饲喂系统

饲喂：全场采用机械化自动喂料系统，根据各类猪群的需要实现定时、定量精准喂饲。饲料是由集团内部饲料厂生产的全价颗粒饲料，由专用饲料

南口种猪场中转料塔与自动料线

罐车运至猪场围墙外，转入饲料中转塔暂存，再根据不同猪舍饲料种类及饲喂量需求，由气动传输系统送至各猪舍的料塔，然后由塞盘式（或绞龙式）自动料线运送至各个料槽，全程机械化自动操作。

饮水：配种妊娠母猪通过水料一体食槽饮水，水量由水位器和定时开关控制。分娩母猪通过干湿料槽，哺乳仔猪、保育育肥猪通过碗式饮水器自动饮水。实现自动饮水的同时能最大限度节约用水。

南口种猪场环境控制设备自动控制面板

南口种猪场设施设备

注：左上配怀舍、右上分娩舍、左下保育舍、右下育肥舍。

### 2. 舍内环境控制

清粪：分娩舍、保育舍采用水泡粪虹吸清粪工艺，其他猪舍采用自动机械刮板清粪工艺，猪只的排泄物通过漏缝地板，落到猪栏下部的粪尿沟内，通过虹吸或机械刮板收集到暂存池后，通过管道排至污水处理站进一步处理。

通风：全场采用负压风机机械通风，根据环境温度和猪群需求，由温控系统进行自动调控。

供暖与降温：公猪舍、配怀舍和育肥舍均不供暖，分娩舍和保育舍有天然气提供热源的地暖系统，分娩舍辅助采用保温箱、保温板采暖，保育舍仔猪辅助采用红外灯供暖。猪舍降温均采用湿帘加风机机械通风的方式。

光照：各类猪舍均采用自然光照并辅助人工照明的方式采光。

猪舍环境参数：温度控制在15～30℃、相对湿度60%～80%、风速0.2～1.0米/秒、换气量15～250立方米/（头·小时）、有害气体小于20%、噪声小于85分贝。

清洗系统：所有猪舍采用整体智能高效清洁系统，由高压清洗系统主机、高压输送管道及舍内均匀分布的高压喷枪接口组成。使用时只需要移动高压喷枪和管线，在预留好的接口即插即用，高效又安全。

### 3. 生产性能测定设施

南口种猪场有48套ACEMA128种猪性能测定站、3套ALOCK500 B超仪，有3名育种员在公司育种部门的统一领导下开展育种和测定工作，每年测定种猪2万余头。所有育种数据录入KFNets数据管理平台，实现了数据的实时传输、遗传评估定时自动计算和联合育种的数据共享。

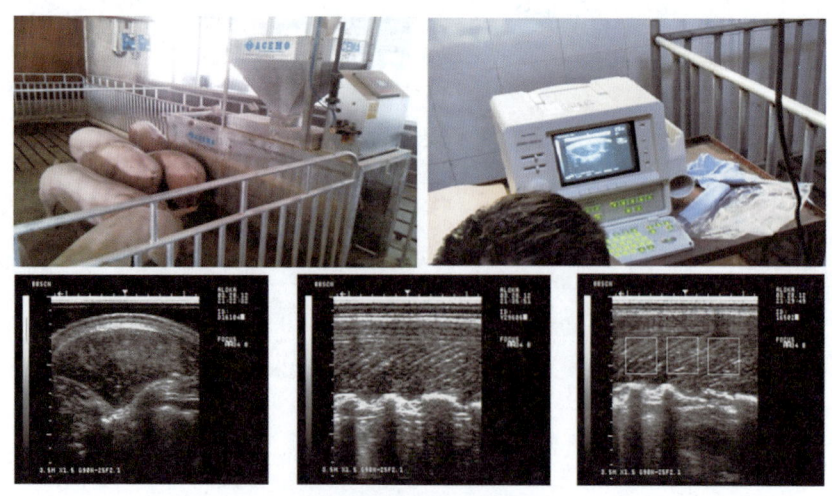

南口种猪场生产性能测定设备

### 4. 废弃物处理

南口种猪场建设有每日处理能力达 400 吨的污水处理站。畜禽粪污经封闭管道运输至污水处理站,采用"固液分离预处理+厌氧+生物选择+两级生化(A2/O2)+消毒"的工艺处理后,固体生产粪肥。废水经污水处理站处理合格后,经市政排污管网排放至南口地区城镇污水处理厂,处理和排放过程由自动监测设备实时在线监测。

全场实行雨污分流,雨水有专用雨水收集池储存并用于灌溉。猪舍产生的臭气,经除臭湿帘有效处理;污水处理环节、堆粪场产生的臭气,经密闭管道收集到吸附塔有效处理后有序排放。

南口种猪场的病死猪和分娩废物情况在无害化处理监管信息平台填报,由场内冷库暂存,定期由农业农村部认可的专业无害化处理机构清运并集中无害化处理。

医疗废物、危险废物按《危险废物贮存污染控制标准》的要求短期贮存,定期交给有危险废物经营许可证的专业机构处置。

### 5. 智能化养殖

南口种猪场构建了高效的猪场监管预警体系和智能可视管理系统。共有监控摄像头 418 个,覆盖生产、洗消、主要道路及人员生活等关键区域。主要功能有猪只回流检测、人员越界检测、人员洗消监控等。

在保育舍、育肥舍安装有 908 个 AI 摄像头,实现保育猪、育肥猪的智能盘点与估重,既能盘估猪群生长参数(包括猪只头数、猪只总体重、猪只均重、猪只日均增重、均长、均宽等),也可实时查看各栏位猪只的状态。

在外部人员进场、生产人员进入生产区的生物安全关键节点安装有 23 套人员洗消系统、6 套物资洗消系统,对人员、物资洗消时间进行记录,实现洗消事件实时预警和远程管理。

## 三、取得的成效

### (一)节约资源方面

南口种猪场二层楼房模式养猪,比传统平层模式养猪节约土地 3 倍以上。南口种猪场积极践行节水、节料、节能的养殖模式。饮水设备均是干湿料槽和碗式饮水器,有水位器和电子定时开关控制,节水率 30% 以上。采用全封闭自动料线精准饲喂模式,育肥中大猪阶段采用低蛋白日粮,加强人员细节管理,减少饲料浪费 5%~10%。冬季采暖使用天然气锅炉,人员洗澡使用太阳能热水器（辅助用电热水器），场区道路均采用太阳能节能路灯。在保障生产管理基本需求的情况下节约用电。

### （二）提高效率方面

南口种猪场饲养法系大白和长白种猪，生产性能优良。采用批次化（2周）生产工艺和全进全出制、独立小单元饲养模式，管理高效。用先进的猪全基因组选育技术、人工授精、同期繁育技术，精准营养配方及精准饲喂，高水平生物安全标准化防控技术和仔猪早期断奶技术，劳动生产率和养猪生产率达到行业领先水平。与平层养殖相比生产效率提升 40% 以上，按基础母猪规模计算每人次饲养基础母猪数从 38 头左右提高至 55 头左右。

南口种猪场哺乳仔猪饲养 3 周，保育猪饲养 7 周，育肥猪饲养 10～14 周。平均每头母猪年产胎次（LSY）2.3 胎，非生产天数（NPD）47 天，年提供断奶仔猪数（PSY）23.73 头。窝均总仔数 12.08 头，窝均活仔数 10.85 头，全期成活率 88% 以上。全年可出栏合格生猪 60000 头，其中种猪 15000 头、育肥猪 45000 头。合格上市种猪体重 50～60 千克，饲养日龄 100 天；合格上市育肥猪体重 100～130 千克，饲养日龄 140～168 天。南口种猪场的生产效率，按占地面积算每年出栏合格生猪 0.45 头 / 平方米，按建筑面积算每年出栏合格生猪 0.86 头 / 平方米。

### （三）绿色发展方面

南口种猪场的粪污经封闭管道输送至污水处理站，经有效处理后，固体粪肥经堆肥发酵，部分由周边 3000 余亩农田、果园作为有机粪肥还田利用，部分用封闭运输车运至长期合作的有机肥生产机构，制成有机肥进而资源化利用。

南口种猪场的疫病防控情况：猪群非洲猪瘟检测全部阴性；母猪繁殖与呼吸综合征保持阳性稳定，计划逐步实现净化；猪伪狂犬病 gE 抗体与病毒核酸检测均阴性；猪瘟野毒检出阳性率为零，在科学免疫下保护性抗体合格率达 85% 以上；口蹄疫实现零感染，抗体合格率达 90% 以上。通过完善的生物安全、科学的疫苗免疫、高效的健康管理措施，猪群健康保持良好状态。

## 四、适合的养殖规模和区域

该技术模式适用于全国范围内 1000 头以上基础母猪的规模化猪场参考借鉴。

# 加强标准化建设　提升智能养猪水平

——中粮家佳康（吉林）有限公司长岭第十三猪场

**导言**：中粮家佳康（吉林）有限公司长岭第十三猪场通过智能环控系统、猪群信息采集分析系统、精准饲喂系统等的应用，使猪场用水量减少了50%以上，节约饲料成本12万元，1名饲养员年饲养生猪数超过7000头。

## 一、企业基本情况

### （一）企业简述

中粮家佳康（吉林）有限公司长岭第十三猪场（以下简称"长岭十三场"），位于吉林省松原市长岭县大兴镇义和村，现有职工54人，其中本科及以上学历5人，大专学历10人，总占地152508平方米，猪舍占地15000.67平方米。母猪存栏规模5200头，其中能繁母猪4800头，年出栏13.9万头断奶仔猪。是国家级非洲猪瘟无疫小区。

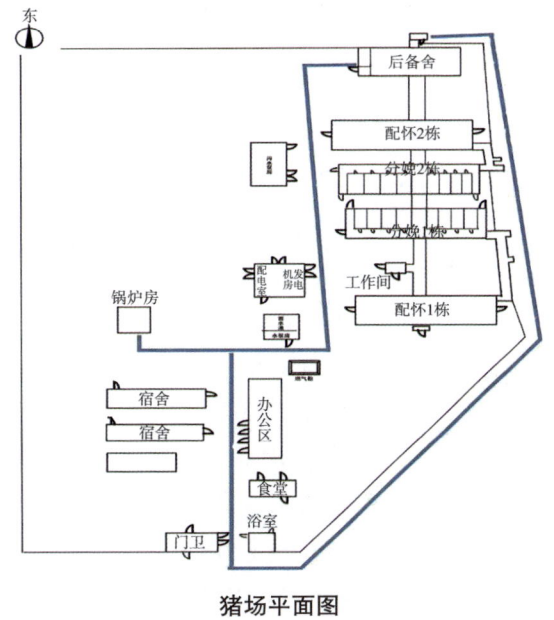

猪场平面图

### （二）场区规划设计

猪场建有生产区、生活区等，其中生产区有后备舍1栋、配怀舍2栋、分娩舍2栋。

## 二、主要做法

### （一）养殖建筑情况

猪舍采用大栋小单元的标准化、集约化模式建设而成，通过批次化生产流水线作业，实现单项流通和全进全出。根据猪的生长阶段和体型大小，合

27

理规划猪舍的空间布局。每栋猪舍根据功能需要，配备了分娩舍960栏、限位栏4740栏、后备舍800栏。配怀舍设置限位栏，供饲养妊娠母猪等种母猪使用，避免了过度拥挤，减少猪之间的争斗和压力，避免对猪只造成损伤。分娩舍栏位的设置为母猪提供了合理的活动空间，也为仔猪提供了干净、干燥的保温垫，并设置了保温灯，为仔猪提供了温暖舒适的成长环境。

限位栏　　　　　　　　　　　　分娩栏

### （二）养殖设施设备情况及生产技术模式

长岭十三场利用智能养殖设备和数字化、信息化管理工具进行智能养殖、生态养殖和精细化管理，打造安全、高效、节能的现代化养猪场。

#### 1. 智能环控系统及技术

通过智能环控系统控制猪舍环境，将开窗、通风、加热和降温等功能整合为一个高效的控制体系。系统通过温湿度传感器全天候监测猪舍温度、湿度，实时采集环境参数，并利用内置程序进行分析。根据分析结果，系统自动调节湿帘、风机、通风小窗等设备，确保猪舍环境始终处于最佳状态。此外，系统还能根据猪只的日龄曲线等信息，智能联动风机、水帘、增温设施等设备，配合猪场管理规则，实时调整猪舍环境参数，确保猪舍环境与猪只的生长日龄相匹配，从而为猪只提供最适宜的生长条件。

智能环控系统

#### 2. 猪群信息采集分析系统及技术

采用二维码和RFID耳标作为信息载体，为每头种猪配备唯一的RFID

耳标，实现"一猪一标"的信息化、精准化管理。同时，结合蓝牙杆和PDA手持机等智能采集工具，实时记录饲喂、配种、分娩、断奶、免疫、治疗、销售、死亡、淘汰等全流程信息，并同步上传至终端养殖生产作业系统（Electronic Farming System，EFS）。EFS系统基于生产管理逻辑，对采集的基础数据进行汇总与分析，生成各类生产和兽防报表，直观呈现猪场运营状况。此外，系统能够识别生产过程中的异常情况，及时推送预警信息，助力管理者快速响应。

通过猪群信息采集分析系统，场内所有生产数据均被自动记录并整合，管理者可实时、准确、全面地掌握猪场动态，优化日常生产管理流程，显著提升现场管理效率，为猪场的高效运营提供数据支撑和决策依据。

使用手持机及蓝牙杆扫描电子耳标收集信息

### 3. 精准饲喂系统及技术

猪场采用自动化饲喂系统，通过控制器精准调控下料量，实现高效、精准的饲喂管理。场区猪舍配备料塔、管链系统、限位饮水器、料槽、控制器等设备，构建了一套完整的自动饲喂系统。系统能够根据猪只的生长阶段和生理状态，智能调节饲料投放量，确保每头猪都能获得适宜的营养供给，从而实现精准饲喂。

在饲料供应链环节，通过饲料协同平台将养殖场的饲料需求实时传递至生产端，生产端根据需求排产，实现饲料的精准生产和供应，避免资源浪费。

精准饲喂系统

此外，猪场还配备了自动饮水系统，该系统能够根据水位高度自动调节水流量，既保障了猪只的饮水需求，又有效减少了水资源的浪费，进一步提升了养殖场的资源利用效率。

### 4. 粪污资源化利用技术

通过漏缝地板、储液池、发酵系统、厌氧罐、沉淀池等设施，养殖过程中产生的粪液经厌氧发酵工艺和无害化处理，实现了资源化利用。具体而言，产生的沼气可作为沼气站的日常能源使用，沼液可用于生态还田，改善土壤肥力，沼渣则可用于生产有机肥。

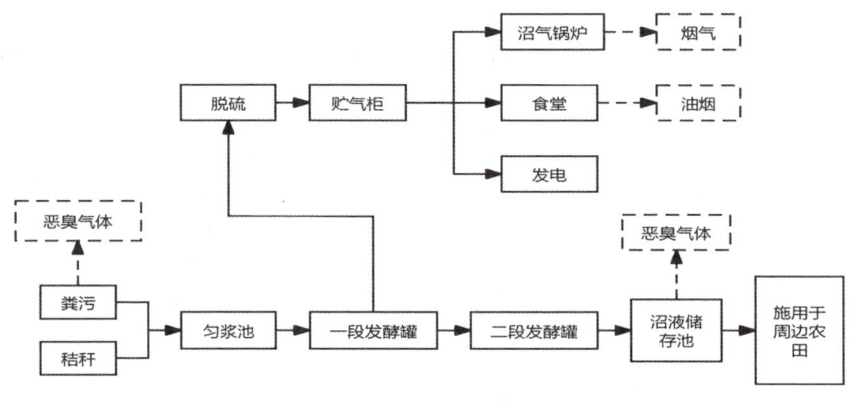

粪污处理流程

将沼液、沼渣用于盐碱地改造，可以改变土壤结构，增加孔隙度，有利于作物生长。公司自有土地约 10851 亩，经过几年的持续改造，原本的盐碱荒地已逐步转变为盐碱半熟地，适合种植耐碱性作物。同时，公司与周边 16 户农户合作，覆盖约 58480 亩农田，通过施用沼液替代部分化肥，不仅降低了种植成本，还改善了作物长势，帮助农民实现增产增收。

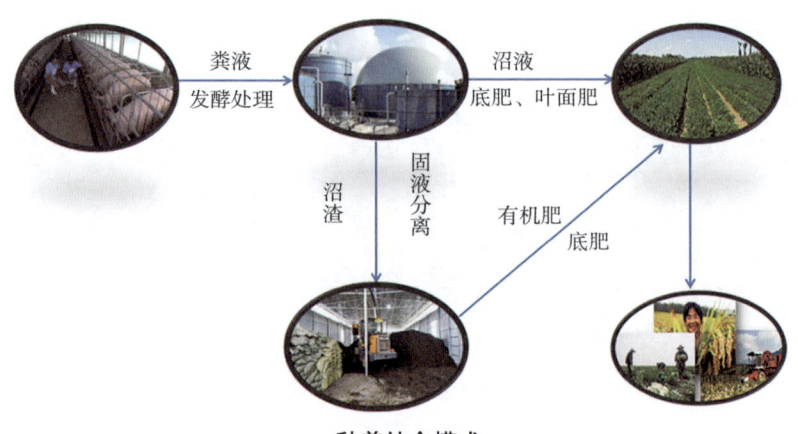

种养结合模式

## 三、取得的成效

### （一）节约资源方面

猪场采用漏缝地板设计，并结合全进全出的管理模式，实现了饲养期间猪舍免冲洗，仅在阶段出栏结束后对猪舍进行集中清洗消毒。清洗时采用高压水枪消毒清圈操作技术，将清圈消毒用水量降至 2 吨，显著减少了水资源消耗；智能环控系统采用电脑控制湿帘降温技术，根据温度变化自动调节湿帘下水时间，避免湿帘长流水，从而精准控制用水，每间猪舍用水量仅为 2.3 吨；自动饮水系统使用节水型限位饮水器，通过精准控制液面高度，实现高效供水，比传统水碗式饮水器节水约 50%。通过以上节水设备和技术的综合应用，猪场整体节水效果显著，用水量减少了 50% 以上，年节约用水成本约 9.5 万元。在能源使用方面，猪场在设计之初便采用燃气锅炉代替传统的燃煤锅炉，并铺设燃气管道，以天然气作为主要能源。与旧场区相比，这一举措每年可减少煤炭使用约 140 吨，降低二氧化碳排放量约 380 吨。

### （二）提高效率方面

智能环控系统使员工可通过环控电脑统一调节猪舍内风机、小窗、湿帘等设备，将原本需要 2～3 人完成的操作简化为 1 人即可完成，提高了生产效率、节约了人力成本；精准饲喂系统的使用，使员工单人可以根据猪只状态、生长阶段，通过统一的控制开关，精准调节饲喂量，减少人工的投入，同时与传统粗放式的饲喂模式相比，该系统每年可减少饲料浪费约 40.2 吨，节约饲料成本 12 万元；EFS 系统可自动对生产数据进行集成、分析、输出，取代了原本需要专人负责的数据收集与分析工作，节约了 1 名员工的人力成本，养殖场管理者可直接根据系统生成的数据报表进行管理决策，有效提高了决策效率。

智能环控系统、精准饲喂系统、EFS 系统的应用实现了 1 名饲养员年饲养生猪数超过 7000 头，同时可将节约的人力及资金成本投入智能养殖技术的进一步开发中，优化了资源的配置，大大提高了生产效率。

### （三）绿色发展方面

猪场秉承新发展理念，将生产力发展和生态环境保护有机融合，通过沼液还田和清洁能源的使用，推动绿色发展，促进人与自然和谐共生。

在粪污处理方面，猪场将粪污经过厌氧发酵后，免费提供给周边农户，用于农田施肥，这一举措不仅提升了土壤肥力，实现了种养结合，还有效减轻了生态环境压力。具体而言，农民在水稻种植中使用沼液代替化肥，每亩可以节约成本 410 元；在玉米种植中，每亩可以节约成本 120 元，显著降低了种植成本。

### 四、适合的养殖规模和区域

该模式适用于国内大部分区域，特别适合配套年出栏 10 万头商品猪的养殖场。

## 服务地方品种　高效与特色并行
——遂溪壹号畜牧有限公司

导言：遂溪壹号畜牧有限公司集成配备饲料储存与配送系统、高压冲洗系统、环控系统、清粪系统，饲养广东小耳花猪，实现了饲喂、温控、通风以及冲粪的自动化。

### 一、企业基本情况

#### （一）企业简述

遂溪壹号畜牧有限公司是广东壹号食品股份有限公司的全资子公司，成立于 2018 年，企业员工约 300 人，是一家集育种研发、养殖生产、品牌零售于一体的食品企业。公司建有 3 个规模化生猪养殖基地，位于湛江市遂溪县乐民镇和江洪镇，设计规模为母猪存栏 1.5 万头、仔猪年出栏 30 万头，商品猪年出栏 8.8 万头，是国家级生猪产能调控基地。

#### （二）场区平面设计

场区规划科学合理，主要分为生产区、生活区和污水处理区三大功能区域。生产区建有 20 栋猪舍，划分为育种区、种猪一区、种猪二区、种猪三区、种猪四区、种猪五区及配套保育区共 7 个生产分区。其中育种区设计存栏母猪规模 635 头，种猪一区至四区母猪设计存栏规模均为 3000 头，种猪五区母猪设计存栏规模 1500 头，保育区设计存栏 3 万头。

场区布局图

## 二、主要做法

### （一）养殖建筑情况及特点

养殖场内道路采用环形布局，各栋舍间距及道路宽度严格遵循物流运输和消防规范要求。养殖区设有独立封闭式专用通道，确保生物安全。办公区及猪舍周边均规划有绿化带，既美化了场区环境，又起到隔离防护作用。

猪舍为现代化全封闭栏舍，配备有自动化智能液态料线喂料系统（智能饲喂厨房系统、自动化料线管理系统）、环境控制系统（负压通风系统、水帘降温系统、卷帘系统）、恒压供水系统（水压、流量、饮水加药装置、饮水过滤装置）、电气照明系统、报警系统、栏位系统、虹吸排污系统、刮粪系统，实现了饲喂、温控、通风以及冲粪的自动化。

栋舍

## （二）养殖设施设备情况及生产技术模式

### 1. 栏位系统

猪场栏舍采用高标准设计，兼具实用性和耐用性。主体结构采用高强度空心圆管或实心钢管，具有较高的抗冲击性能；栏片经热浸锌工艺处理，配合不锈钢防松螺栓紧固，确保较好的防腐性能与结构稳定性。饲养设备选用不锈钢食槽，显著提升了设备使用寿命。整体设计充分考虑了人机工程学原理，使饲养操作更加便捷高效。

栏位布局

**不同猪舍栏位布局工艺**

| 猪舍 | 工艺设计 |
| --- | --- |
| 隔离舍 | 大栏饲养后备猪，增加活动面积，促进生长；配置不锈钢双面食槽，一个食槽可供应两个猪栏，吃料与出料同时进行，保持饲料新鲜度 |
| 后备舍 | |
| 配种怀孕舍 | 大栏饲养断奶母猪，增加活动面积，促进发情；定位栏饲养怀孕猪，配置不锈钢料槽，表面光滑，提高清洗干净度；设置护理大栏。定位栏食槽需考虑独立排水系统，集中简易过滤处理，降低后续环保压力 |
| 公猪舍 | 采用下沉式采精以及自动采精设备，提高采精效率和保障员工采精安全 |

### 2. 饲料储备系统

猪场采用科学的饲料储存与配送系统，确保饲料品质与生物安全。配置现代化饲料中转仓群，具备3天储量的缓冲能力；各猪舍配套独立料塔，同样维持3天使用量，形成双重保障体系。场内外分别配备专用饲料运输车辆，实现封闭式配送，有效杜绝交叉污染风险。

猪场以自动化送料模式代替人工传统送料模式，饲料储存运输采用散装料形式，配置设备送料，减少饲料包装和袋装料搬运工序，减员增效；猪舍采用自动喂料，实现同时下料、定位定量饲喂，降低员工劳动强度，提高喂料的效率，有效减轻猪群应激反应。

料塔

### 3. 高压冲洗系统

采用集中式固定高温高压管道布局，通过优化设计提升运维效率与生物安全性。主管道系统合理增设活接和高压球阀，实现分舍分线控制，大幅降低设备检修难度和维护成本。同时，系统配置适宜大容量气罐，显著减少更换频率，降低人员接触风险。

不同猪舍冲洗模式

| 猪舍 | 设计依据 | 高温高压冲洗模式 | 工艺设计 |
| --- | --- | --- | --- |
| 配种怀孕舍 | 冲栏频率较低 | 移动式高温高压消毒系统 | 主机移动至需冲洗单元，对水加热加压，员工用软管连接后，拿高压喷枪冲洗消毒 |
| 分娩舍 | 布局集中，冲栏频率高 | 固定式高温高压消毒系统 | 通过高温高压机房主机对水加热加压，由高压无缝钢管输送至猪舍，管道均匀布置在舍内。员工用软管连接后，拿高压喷枪冲洗消毒 |
| 后备舍、育肥舍、隔离舍、保育舍 | 布局分散，冲栏频率较低 | 移动式高温高压消毒系统 | 主机移动至需冲洗单元，开启对水加热加压，员工用软管连接后，拿高压喷枪冲洗消毒 |

高压冲洗系统

### 4. 环控系统

猪舍环境自动控制代替人工手动调节,提高环境控制精确性,保证舍内温度、湿度、氨气浓度等环境指标控制在猪群生长的舒适范围,提高生产成绩。

各猪舍夏季炎热时期采用纵向模式,开启水帘和风机,从水帘处进风,山墙风机排风换气,利用水帘蒸发和风冷效应实现通风降温;冬季低温时期采用垂直通风模式,开启天花进风窗和部分山墙/侧墙风机,关闭水帘进风口。既满足猪只最小通风量需求,又避免冷应激和热量散失。春秋季节采用纵向/横向+垂直通风模式,根据外部气候温度变化平缓过渡通风模式,进风口在天花进风口和水帘进风口之间逐步切换。

**不同猪舍通风模式**

| 猪舍 | 工艺设计 | | |
|---|---|---|---|
| | 夏季模式 | 冬季模式 | 春秋季模式 |
| 后备舍 | 纵向通风 | 垂直通风 | 纵向+垂直 |
| 隔离舍 | 纵向通风 | 垂直通风 | 纵向+垂直 |
| 育肥舍 | 纵向通风 | 垂直通风 | 纵向+垂直 |
| 配种怀孕舍 | 纵向通风 | 垂直通风 | 纵向/横向+垂直 |
| 分娩舍 | 纵向通风 | 垂直通风 | 纵向+垂直 |

环控控制器、风机以及湿幕水帘

## 第二部分 畜禽标准化规模养殖典型案例

### 5. 清粪系统

猪舍采用自动化清粪系统，粪便通过漏缝地板自然落入粪沟，由定时启动的刮粪机将粪水推送至室外横向粪沟或集粪池，最终经提升装置通过排污管道集中处理。系统重要部件须选用高强度钢丝绳和耐腐蚀液泡粪管塞，确保清粪设备运行稳定可靠，维护简便。

漏粪地板

### 6. 无害化处理系统

采用高温高压干化工艺处理病死猪，通过专用无害化处理设备，在135℃、0.3兆帕条件下实现有效灭菌，结合负压真空干燥技术，将物料转化为脱脂肉粉和油脂两种可资源化利用的产品，肉骨粉可出售后作为有机肥使用，油脂可出售作生物柴油。

无害化化制机

### 7. 异位发酵床系统

猪场采用异位发酵工艺处理猪粪。预处理后的浓稠猪粪被输送至发酵车间，与锯末、稻壳等辅料混合发酵。车间配备全自动翻堆机，可在7～8小时内完成1.5米深度的均匀翻抛。同时，自动撒粪设备通过管道系统，以每小时30～40

发酵床

吨的速度将液态粪污精准喷洒在发酵垫料表面，随后立即进行翻抛作业。发酵完成的物料可作为优质有机肥原料外售。整个系统实现了粪污处理的机械化、自动化操作。

## 三、取得的成效

### （一）节约资源方面

节约用地，有序高效。基地设计布局合理，功能分区明确，规划设计按照科学性、前瞻性、实用性的高标准要求，确保在水源、电力和保护环境等方面都留有发展余地的同时，最大限度地节约占地，与传统相比可节约15%～25%的土地，实现集约化、现代化和高效化的基地利用模式。

节约饲料，精准饲养。应用自动饲喂系统，根据猪只体重、生长阶段动态调整日粮，减少5%～10%的饲料浪费。同时优化饲料配方，根据生长阶段、生产性能和饲养管理条件等因素，精准设定饲料营养水平，满足生长发育营养需求的同时减少饲料浪费。

节约用水，循环利用。采用漏粪地板+机械刮粪系统，较传统水冲粪模式节水60%～70%，同时减少污水排放量。安装乳头式饮水器或定量供水装置，较开放式水槽节水20%～30%，并减少饮水污染。

### （二）提高效率方面

广东小耳花猪头型、体型较小，被毛为黑白花，具有头短、耳短、颈短、身短、脚短和尾短的"六短"特征。额宽，有"《》"形皱纹，中间有三角形白斑，耳小向外平伸。背腰宽广凹下，腹大，部分腰部有皱褶。四肢较细，尾根较高。被毛稀短，皮薄而软，肌肉松弛，臀部比较丰满。

通过品种内的品系培育和智慧养殖，广东小耳花猪核心群总产仔数、产活仔数较《中国畜禽遗传资源志（猪志）》记载分别提升了1.1头和1.4头，繁殖效率提升15%以上。该成果为地方猪种质资源开发与利用的重大突破，为地方猪产业化奠定了坚实基础。

广东小耳花猪的人工投入相对成本较低，采用自动饮水器、刮粪机等自动化辅助设备，降低30%日常管理人力。通过智慧养殖等综合因素，促进小耳花猪抗逆性增强，呼吸道和消化道疾病发病率较外来猪种降低25%左右，减少用药和护理投入。

### （三）绿色发展方面

绿色发展是实现产业可持续化、生态友好型转型的核心路径，需从多个环节协同发力，构建"环境友好—资源高效—健康安全"的全产业链体系。

粪污处理通过异位发酵床将粪污集中至舍外发酵区处理。微生物快速分解粪尿，减少氨气、硫化氢等有害气体排放，降低环境污染，臭气强度下降60%～80%。发酵产物为优质有机肥，可直接还田，替代化肥使用，实现种养循环。舍内粪污及时外运，降低湿度与病原菌滋生，猪群呼吸道疾病减少40%～60%。

通过建立生物安全管理体系、建设外围屏障体系、开展生物安全风险评估、制订生物安全计划、完善生物安全管理措施和操作规程、建立非洲猪瘟等重大动物疫情应急预案、内部审核评估与改进等方面，对重大动物疫病的防控予以有效保障。自投产以来，基地的生物安全管理体系不断优化和完善，为推动区域性重大动物疫病防控作出重要贡献。

按照绿色畜产品生产标准，提高品质和体系认证。使用非转基因原料、无抗饲料，严格限制重金属和农药残留。建立追溯系统，提升品牌效应，应用区块链技术记录养殖、屠宰、流通全流程信息，消费者可通过二维码查询产品来源。

## 四、适合的养殖规模和区域

该生产模式无养殖区域限制，适合万头规模牧场，尤其适合地方品种饲养猪场。

# 集成化养殖提效率　独立安全岛保生产

——广东湛江雷州牧原农牧有限公司

**导言：** 广东湛江雷州牧原农牧有限公司采用楼房养猪模式，集成智能饲喂系统、环境控制系统，并实现了生产管理数字化，生产成本低、效率高。

## 一、企业基本情况

### （一）企业简述

广东湛江雷州牧原农牧有限公司（以下简称"雷州牧原"）是牧原食品股份有限公司的全资子公司，于2020年1月7日注册成立，位于广东省雷州市，注册资本13亿元。公司主营业务为生猪养殖与销售。截至2024年6月，雷州牧原已投产生猪养殖场17个、公猪站2个、饲料厂1个、小料机组2个，投产场区年出栏规模为146.68万头，饲料厂年产量38万吨饲料。目前在职员工 1700 余人，其中本地化用工率 65% 左右。2022 年出栏生猪 69.88 万头，营业收入 13.56 亿元，净利润 1.04 亿元。雷州牧原被农业农村部评为非洲猪瘟无疫小区，获得国家级生猪调控基地、广东省"菜篮子"基地等荣誉称号，2021 年 12 月被认定为湛江市重点农业龙头企业。

### （二）场区平面设计

本场共分为 14 区，分别为：

1 号区：猪群饲养及臭气处理区，提供猪群生长及臭气过滤功能；

2 号区：仔猪转运间，提供仔猪销售及转运通道；

3 号区：清洗烘干房，转运车辆清洗烘干使用；

4 号区：集中换衣间，场内员工进入生产区换衣房间；

5 号区：综合宿舍楼，场区员工居住宿舍；

6 号区：综合门卫室，人员进场隔离区；

7 号区：沼液储存池，粪水过滤处理后肥水暂存池，供应场外还田使用；

8 号区：蓄水池，整场供水存储池；

9 号区：集中料站，存储饲料、通过管链输送至料槽；

10 号区：销售区，生猪对外销售通道；

11 号区：无害化车间，病死猪无害化处理区；

12 号区：固粪处理区，猪舍粪水进行固液分离处理；

13 号区：钢混池，固液分离后的液体深度处理后上坝；

14 号区：环保值班室，场区环保人员居住宿舍。

具体如下图所示。

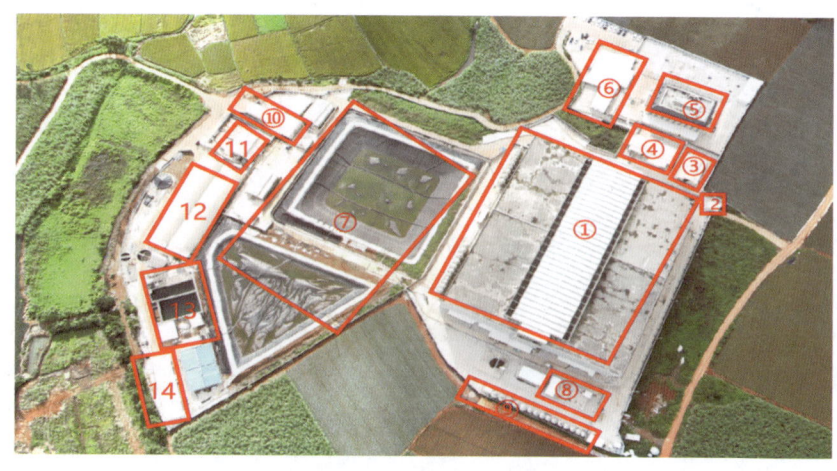

雷州牧原 15 场楼房猪场

## 二、主要做法

### (一)养殖建筑情况及特点

楼房猪舍共计6层建筑,5~6层为怀孕母猪及产仔母猪生产区,为4层保育舍提供仔猪,4层仔猪达到一定日龄后转群到1~3层育肥舍饲养直至出栏销售。楼内生猪通过专用升降机完成各生长阶段的垂直转运。

该模式优点:一是集约化养殖,土地利用率高,较平铺猪舍,效率提升4.3倍,大大节约猪场占地面积。二是自动化水平高,养殖成本低。雷州牧原通过创新空气过滤智能猪舍,实现智能化管理:智能巡检、智能饲喂、智能环控、智能清洗等智能化作业,可有效防控非洲猪瘟,提升猪群健康,提高猪肉品质。三是生物安全水平高。独立园区、独立楼栋、独立楼层、独立单元、独立圈栏,在切断病毒传播途径上进行管理全覆盖,形成独立安全岛。

### (二)养殖设施设备情况及生产技术模式

**1. 智能饲喂系统**

公司的智能饲喂系统包括场外智能供料和场内精准饲喂。场外智能供料系统能够通过云端实时监控养殖场的余料情况,及时把饲料补充至集中料罐,并通过管链输送到养殖场内,由智能饲喂装置自动发料。公司的单元智能饲喂是基于智能化硬件基础(控制器、下料装置、下水装置、各类型传感器等),通过互联网云平台,针对不同的猪群,下发饲喂营养方案,来实现对猪群的智能化饲喂管控与数据管理,可以依据猪群生长曲线,建立精细喂养模型,做到个体精准饲喂。同时,系统自动采集采食量、饮水量等数据,对猪群健康进行预警,实现对猪群的智能化饲喂管控及数据管理。

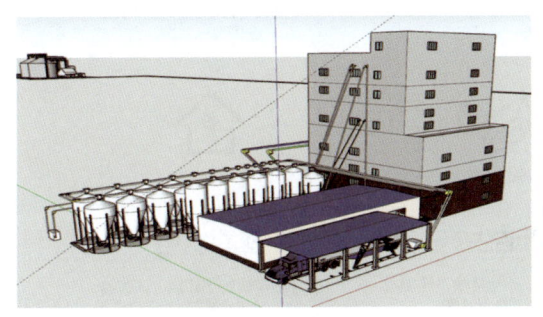

智能供料系统展示

智能饲喂系统展示

**2. 环境控制系统**

环境控制系统由微电脑控制系统独立控制，能够对猪舍通风、温度等进行智能监控，根据不同猪舍内外温度及气压差自动控制风机、变速风机、湿帘、卷帘、通风小窗、上下活动窗、供暖设备的启闭状态以及运行状况，实现猪舍单元小环境精准控制，解决因饲养员经验和环境异常变化等问题带来的养殖风险和损失。在猪舍内新增温湿度传感器、气体传感器、场区内新增小型气象站等数据采集设备；通过采集环境数据，控制猪舍内风机、水帘等设备的开启，为猪群健康生长提供良好的环境；同时采集的数据上传至服务器，通过后期交叉分析，得出在不同季节猪群最优的生活环境，从而提高养殖水平，降低养殖成本。

**3. 生产管理数字化**

（1）物联网平台。综合运用物联网、大数据、云计算等，通过智能环控、发情检测、猪群分级、智能耳标、咳嗽监测等方式，建立领先的数字化智能养猪系统，利用图像识别、语音处理、物联网传感器等相关技术，实现采购、饲料、生产、育种、兽医、销售、环保等全产业链条的数据采集。通过对结构化或非结构化数据处理，搭建原粮行情、种猪选育、养猪生产、市场行情、品质管理等预警决策模型，提高生产效率，提升运营决策能力，推进互联网与畜牧养殖深度融合。

**智能环控**
室温智能调节，给每一头猪最适合的成长环境

**智能巡检**
全天候机器人巡栏，每时每刻呵护每一头猪的成长

**智能饲喂**
科学配方，让营养价值精准匹配到每一头猪

**智能兽医**
疾病与营养知识图谱，精准预警，精准预防

**清洁生产**
智能除臭，干净排放，环境友好，专心发展

**智能水电**
日常水电智能化管理，实时监控，保障生产，经济环保

平台版块信息管理

（2）智能养猪管理平台。实现对猪舍采集信息的存储、分析、管理；提供阈值设置功能、智能分析、检索、报警功能；提供权限管理功能和驱动养殖舍控制系统。

（3）猪群健康管理系统。通过将智能设备采集到的所有数据上传猪群健康管理系统，科学分析猪群、单猪生长、疫病状况，指导科学决策，在疫病发生的早期遏制疫病的发展和传播，实现了疫病防疫的自动化、数字化机制，降低了防疫员的劳动强度，节约劳动力。

（4）环境数据采集系统。环境数据采集系统主要实现猪舍单元小环境精准控制，解决因饲养员经验和环境异常变化等问题带来的养殖风险和损失。通过采集猪舍温度、用电量、用水量、采食量、猪只增重等数据，实时汇集到集团服务器，增强公司决策的科学性，提升决策水平。

## 三、取得的成效

### （一）节约资源方面

（1）节约资源，经济效益高。一是土地利用率高，较平铺猪舍，效率提升4.3倍。二是生产效率高，楼房猪舍智能化设备集约化程度高，饲养人员减少1/3。

（2）节能环保。一是节水，精准控制头均用水，应用净化回用技术，节约水资源70%。二是节气，四级过滤+精准智能通风，节约空气资源约70%。三是减排，低豆粕日粮及除臭过滤技术实现氮减排1.5千克/头；排风除尘99.9%，降雾霾。四是无臭气，猪舍出风除臭灭菌，实现臭源全面管理，养猪无臭气、不扰民。

### （二）提高效率方面

（1）通过智能化饲喂管控与个体精准饲喂，日粮豆粕用量降低至5.7%，减少豆粕依赖，有效控制饲料成本。

（2）通过智能巡检、智能饲喂、智能环控、智能清洗等智能化作业，采取猪场多级隔离、舍内小环境控制等多方面的疫病防控措施，并建立了外部预警、内部预警的预警防疫体系。在场区布局方面，公司实行"大区域、小单元"的布局，以防止疫病的交叉感染和外界病原的侵入；在养殖过程中，采取"早期隔离断奶""分胎次饲养""一对一转栏""全进全出"等生物安全措施，有效防控非洲猪瘟，被农业农村部评为非洲猪瘟无疫小区。

（3）通过智能饲喂系统的应用，全程可增加利润24.89元/头，提高生产效率。

### （三）绿色发展方面

雷州牧原秉承"减量化生产、无害化处理、资源化利用、生态化循环"的环保理念，持续创新环保技术，提升环保标准，强化环境管理，大力发展"养殖—沼肥—绿色农业"为一体的循环经济模式，在养殖场周边建设完善的粪污资源化利用设施，猪粪猪尿经过固液分离后，固粪进入晾粪棚发酵后出售，猪尿进入沼液储存池进行厌氧发酵，在施肥季节通过支农管网免费提供给周边农户使用，打通畜禽粪污资源化利用"最后一公里"的问题，可实现农作物增收约320元/亩。

## 四、适合的养殖规模和区域

该养殖模式无区域限制，如环境承载能力允许（水源、消纳地），可多栋布局，全国推广。

# 种养观光新模式　打造现代农业综合体

——东源东瑞农牧发展有限公司

**导言**：东源东瑞农牧发展有限公司采用楼房养猪模式，配备自动饲喂系统和环控系统，集成污染综合防控技术模式和生物安全技术模式，年节约淡水资源40万吨、提纯天然气1000万立方米。

## 一、企业基本情况

### （一）企业简述

东源东瑞农牧发展有限公司成立于2020年，是东瑞食品集团股份有限公司的全资子公司，位于广东省河源市东源县船塘镇群丰村、黄沙村，总投资约25亿元，是集种植、养殖、旅游观光于一体的现代农业综合体。该项目分二期建设，项目达产后出栏生猪80万头。公司现有员工749人，其中研究生学历7人、本科学历59人、大专学历141人。该公司是供港澳活猪饲养注册场和广东省"菜篮子"基地，广东省重点生猪养殖场，广东出口活猪质量安全示范企业。

## （二）场区平面设计

该公司一期项目（群丰基地）由三场、四场、资源化利用中心、有机肥厂、水厂及销售中心组成。二期项目（黄沙基地）由一场、二场、饲料厂、沼气提纯天然气厂及黄沙污水厂组成。

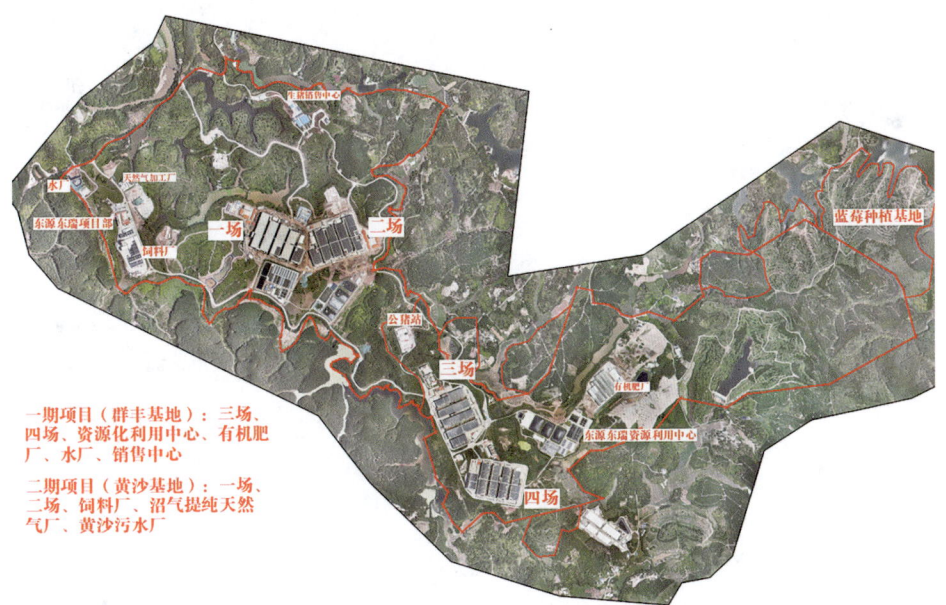

东源东瑞现代农业综合体项目航拍图

## 二、主要做法

### （一）养殖建筑情况及特点

项目采用"6920"楼房养猪模式，即6层猪舍建筑、9000头母猪、年出栏20万头生猪。栋舍内栏位面积约20平方米/栏，可饲养25头猪。

### （二）养殖设施情况

**1. 饲喂设施**

公司配套建设年产量30万吨的饲料厂，生猪生产基地全部栋舍配套自动饲喂系统，公猪站、配怀分娩区配套种猪精准饲喂系统，安装机器人自动巡逻系统，实现种猪的精准饲喂和智能健康管理；场区内外配套有饲料中转车、料塔、料线、料槽以及自动控制箱；饮水设施为自动饮水系统：集中水池、水管网、饮水嘴及自动加药系统。这些配套设施为楼房养殖模式实现智能化养殖提供了有力支撑。

楼房养猪猪舍外景（料塔、料线）

猪舍内景（自动料线、全漏粪地板、风机）

### 2. 生产性能测定设施

生猪生产基地配套了专门的测定站和后备培育舍，并配备有B超测定仪器、电子称重笼秤，用于测定种猪的胴体性状和表型性状，同时配备72套种猪自动化测定设备，用于测定种猪的生长曲线和料肉比，为育种工作提供科学的生产数据。

种猪自动化测定设备

### 3. 舍内环境控制设施

各栋猪舍均为全封闭式温控猪舍，每间猪舍进风端配套有三防网、空气过滤系统、舍内配备有4～6台永磁式风机、自动清粪系统，通过智能温控负压通风系统、水帘降温系统和人工智能控制仪，给生猪提供舒适的生长环境。

### 4. 废弃物处理设施

公司将医疗废弃物委托专业处理机构定期外运处理。固体沼渣通过发酵生产有机肥再利用。

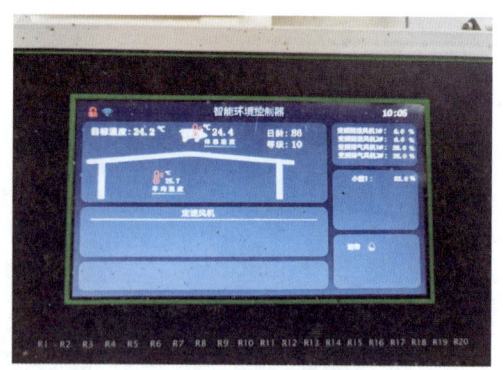

智能化环境控制电脑

沼气提纯天然气

有机肥生产

楼顶光伏发电

污水处理系统

### 5. 生物安全设施

公司采取四级防线区域管理：外勤办公区为一级防线区域，设置一级洗消点、物资消毒总仓、一级和二级人员隔离房、销售中心等；猪场外防控区为二级防线区域，包括二级洗消点、猪场周边道路和围墙；猪场生活区为三级防线区域，包括猪场生活区、沐浴更衣室、物资消毒房、无害化处理间、生产区四周道路；楼房猪舍为四级防线区域，包括附属楼、更衣室、物资消毒房、猪舍。

空气过滤系统

### （三）采取的设施养殖技术模式

#### 1. 自动饲喂系统和环控系统

配套自动喂料系统和饮水系统，不仅可以节省人力和生产用水，提高人均效率，实现精准饲喂，还可以保证饲料、饮水卫生和生物安全。

怀孕母猪自动化猪舍

分娩母猪自动化猪舍

保育舍自动化猪舍

母猪单个智能饲喂器

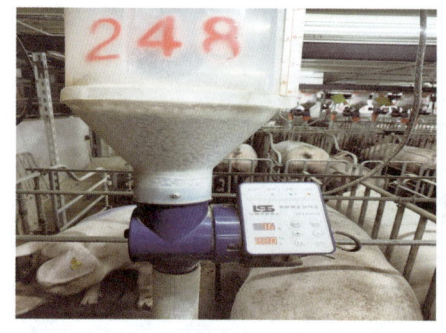
大栏母猪智能饲喂系统

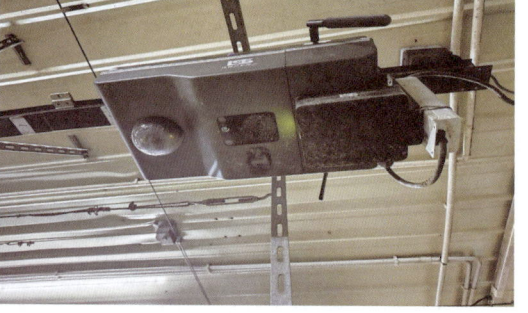
机器人自动巡逻系统

使用自动环控系统、空气过滤系统和自动清粪系统，根据猪群的日龄阶段、数量，在智能控制器设置相应的温湿度，自动开启风机、通风窗和水帘，使得猪舍内空气良好，温湿度适宜，保障了生猪的健康和快速生长。

**2. 污染综合防控技术模式**

（1）废水废气处理。项目污水处理工艺为：预处理（格栅）→固液分离→污水调节池→全量化高效生态发酵系统→沼液存储池→两级 A/O 生化工艺→混凝沉淀→生态处理（平流式湿地）→化学沉淀法→深度处理系统

（MBR+UF+RO 三膜系统）。处理规模为 1000 立方米 / 天。目前项目污水处理厂出水量约 850 立方米 / 天，在生化处理及膜处理后，其中 490 立方米废水通过回用管道、喷淋系统回用于场内林地灌溉，60 立方米用于场区一级除臭、120 立方米用于场区二级喷雾除臭、80 立方米用于猪舍场区冲栏（用水紧张时启用）、50 立方米回用于污水处理厂的加药用水、场地清洗等，其余 50 立方米废水经膜处理后达标排放至上坝水。

项目废气采用"优化饲料 + 喷淋除臭 + 次氯酸雾化除臭 + 加强绿化"方法综合治理臭气，有机肥厂采用生物活性洗涤塔进行除臭。

（2）有机肥加工。粪便、垫料等固弃物通过管道、密封罐车、厢式货车等方式运输到有机肥厂进行加工生产成有机肥。

（3）病死猪无害化处理。每天及时把死猪及胎衣打包密封后输送到无害化处理车间，病死猪进行编号上报到当地动物卫生监督分所，并建立无害化处理相应的台账和相关记录。一期、二期项目已投资 800 万元，建设无害化处理车间，利用病死猪尸及分娩废物经高温高压处理后，每年可生产 100 吨废油脂、300 吨肉骨粉，年产值约达 200 万元；废油脂售卖作为生产生物柴油、工业用油等非食用油的原料，肉骨粉售卖作为生产有机肥料的添加剂。

### 3. 生物安全技术模式

基于实验室病原监测数据构建生物安全防控体系，针对人员流动、物资输送、车辆通行及生猪调运等关键环节，建立分级管控的动态防疫管理体系。具体包括：设置人员入场的一级、二级隔离区域，配置物资与车辆专用的高温消毒房及静置房等基础设施。人员需完成沐浴更衣和隔离检测等流程，经生物安全评估达标后方可进入生产区；入场物资实施高温烘干处理、化学浸泡消毒与静置存放相结合的多级消杀流程，确保物资生物安全；运输车辆执行标准化清洗消毒程序，采用高压冲洗结合高温烘干技术实现彻底灭菌。同时，在生猪养殖、销售及转运环节建立药物残留检测和病原筛查双重质控机制，通过系统性生物安全措施保障生猪产品质量，为市场供应安全可靠的畜产品。

## 三、取得的成效

### （一）节约资源方面

（1）土地利用率最高可达传统模式的 6 倍。按年出栏万头商品猪计，传统养殖模式所需占地面积为 8000～13000 平方米，楼房养殖模式占地面积约

2200～2600平方米，土地利用率最高可达传统模式的6倍。

（2）中水回用系统，年可节约淡水资源40万吨。采取干清粪全量收集生猪产生的粪污，通过全封闭暗管输送到黑膜厌氧发酵池进行发酵产生沼气。沼液通过两级硝化反硝化池、人工湿地、絮凝反应池等去除污染物，最后绝大部分污水经过三膜末端水处理系统达中水回用标准，可用于清洗猪舍、除臭、绿化，部分还可用于种植区灌溉。

（3）病死猪无害化处理后，每年可制成100吨生物柴油。病死生猪使用新型高温常压化制机无害化处理，分离产生油脂和肉骨粉，油脂可进一步加工成生物柴油，实现资源化回收再利用。预计每年可以产生油脂100吨、肉骨粉300吨，年利润150万元。

### （二）提高效率方面

使用各项智能化控制系统设备设施，可大大提高人均能效。猪场现有员工597人，基础母猪1.95万头，现存生猪栏量20.8万头，年出栏量40万头。

### （三）绿色发展方面

（1）有机肥生产，年产有机肥约2万吨。定期将黑膜沼气池厌氧发酵后产生的沼渣抽出榨干后通过堆肥发酵技术处理，配套建设除臭设施，生产成有机肥，年产有机肥2万吨，销售至周边用于水稻、水果、蔬菜种植等，年利润达300万元。

（2）沼气提纯天然气厂，每年可提纯天然气1000万立方米。以黑膜厌氧发酵池所产生的沼气作为原料，通过分离水、二氧化碳和脱除硫化氢等杂质，净化提纯产生绿色低碳清洁可再生的天然气，每年可提纯天然气1000万立方米。

（3）楼顶光伏发电项目，年均发电2000万度（1度=1千瓦·时，全书同）。利用养猪场屋顶安装9.8MWp分布式光伏发电站，年均发电量约1200万度，除自用外，多余电力可输送至公共电网，年节约电费600万元，相当于年节约标煤约2752吨，减少排放二氧化碳约7511吨、二氧化硫约1.44吨、氮氧化物约1.62吨。

## 四、适合的养殖规模和区域

该养殖模式无区域限制，比较适合3000头以上繁育一体化养殖猪场。

第二部分 畜禽标准化规模养殖典型案例

## 以科技赋能养殖　智能化引领转型升级

——苏州苏太企业有限公司

**导言**：苏州苏太企业有限公司致力于太湖猪育种，配备智能化的养殖设施，采用生态化的环保工艺和现代化的育种生产性能测定技术，较传统养殖全程料肉比降低0.15。

### 一、企业基本情况

#### （一）企业简述

苏州苏太企业有限公司前身是1985年成立的苏州市太湖猪育种中心。为进一步夯实扩大苏太猪保种育种，推动产业链延伸，公司投资5500万元建成了苏太猪育种保种基地（苏太猪原种场），位于苏州市吴江区，建筑面积10773平方米，可实现700头种猪、年出栏种猪和商品猪16000头的育种生产规模。2024年2月，苏太猪育种保种基地入选国家级生猪核心育种场。

#### （二）场区平面设计

苏太猪原种场分为生产区、办公管理区、生活区、绿化隔离区和环保区共5大功能区。

苏太猪育种保种基地（苏太猪原种场）鸟瞰图

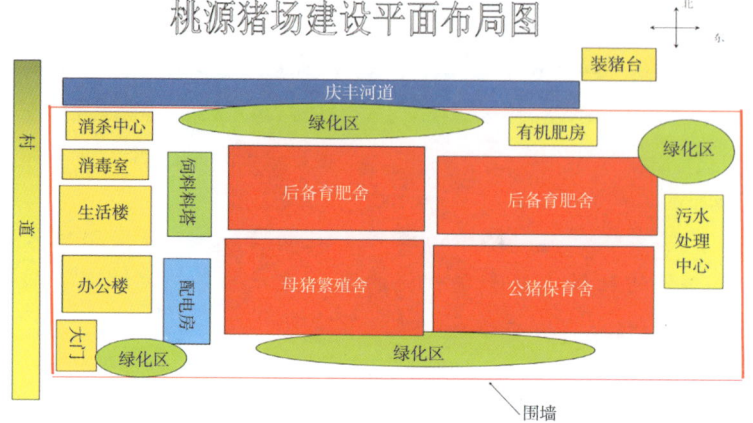

苏太猪育种保种基地（苏太猪原种场）平面布局图

## 二、主要做法

### （一）养殖建筑情况

苏太猪育种保种基地（苏太猪原种场）共建有4栋猪舍，其中1栋母猪（怀孕分娩）舍、1栋公猪保育舍、2栋育肥后备舍。

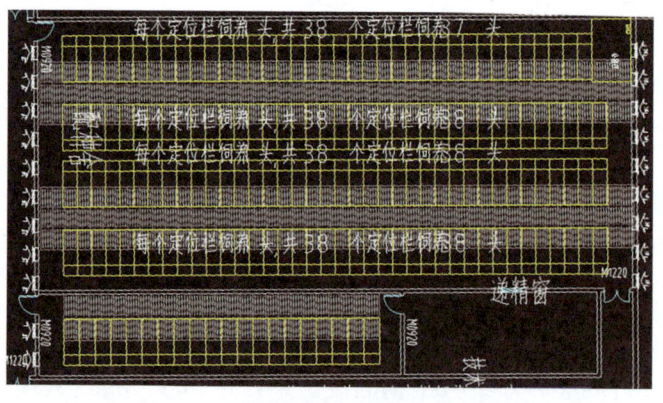

配种公猪舍结构图

配种区为一个独立单元，有151个定位栏，存栏4周，公猪区为一个独立单元，有20个定位栏，配一个技术室。

怀孕保胎定位栏共480个，结构同配种定位栏。产房共6个单元，每个单元30个产床，可饲30头母猪/单元，4周断奶。

保育舍分2个单元，每个单元22个大栏，每栏25头，可饲1100头猪，养到15千克左右，每头猪占栏面积0.3平方米。

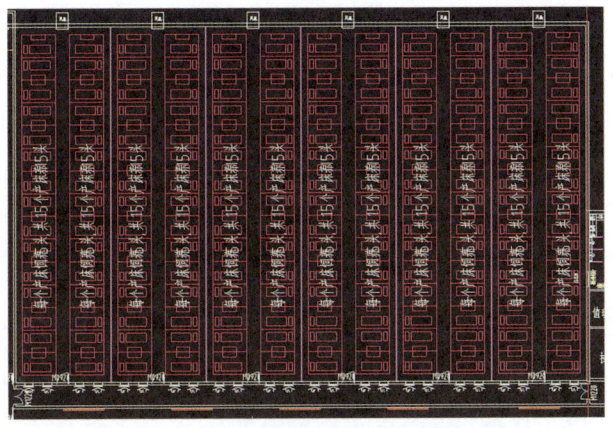

产房结构图

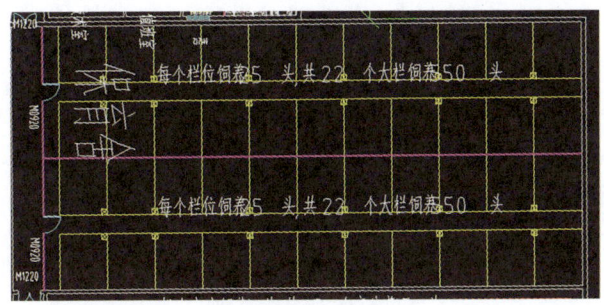

保育舍结构图

育肥后备舍20个单元,每个单元4个大栏,每栏59头,共可饲4720头猪,养到90千克左右,每头猪占栏面积0.85平方米。

**(二)养殖设施设备情况及生产技术模式**

**1. 智能化的养殖设施**

(1)自动干料线系统。用于种猪、仔猪培育阶段,适用于母猪舍、产房、保育舍,通过自动喂料系统数字精准设定采食量,改变传统人工饲喂的弊端。输料车将饲料送至料塔内,在电动机的带动下,通过管道内绞龙,将饲料从料塔输送至环道,驱动装置带动输料管内链条,从而将环道内饲料刮至配量器。自动喂料系统根据每头种猪采食量要求,通过数字精准设定每头种猪每天的采食量到配量器,并实现上料系统残渣自动处理,从而达到饲料既不浪费,又能满足猪的营养需要,改变了以往传统人工饲喂模式中饲养员凭感觉决定饲喂量的弊端。

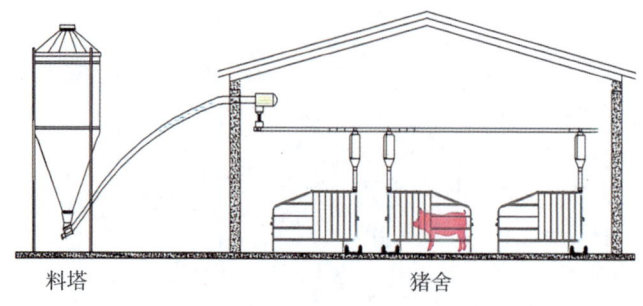

自动干料线系统

（2）自动液态料系统。用于后备猪、育肥猪阶段，适用于后备猪舍、育肥猪舍。液态料线系统将饲料与水在混合罐内混合，然后由泵送入进料管，系统将不同的饲料量通过相应的阀投放到料槽里。通过中央处理中心电脑控制，设定饲喂量并自动增加，液态料线系统通过中央处理中心的电脑控制，根据每栋猪舍、每个单元、每个栏位猪只大小和数量，设定具体数字的饲喂量，并根据猪的生长发育，每天自动增加饲喂量。液态料线系统除数字化精准自动喂料优势以外，液态饲料吸水膨胀、松软，利于猪采食和吸收，提高转化率；同时喂食过程中减少了灰尘和饲料浪费。

自动液态料线系统

（3）AI监测系统。基地猪舍内安装AI监测系统，实现智能盘点功能和行为异常检测，同时通过智能传感器监测温度、湿度、氨气浓度、二氧化碳浓度等参数，并自动通过环控系统调节猪舍内最佳环境参数，使猪只在理想的猪舍环境中生长发育。

（4）智能环控系统。基地运用了包括通风、降温、供暖等设备，智能控制舍内环境，减少有害气体排放。

供暖系统主要运用于分娩舍及保育舍。采用空气能热泵采集热源，末端采用地板辐射采暖。机组采用微电脑智能化控制，全自动智能运行，面板可直接调节温度和时间等各项参数，真正实现全方位管理和能量可调可控。

环控通风系统包含了风机、测定模块、进气窗、通风板、控制系统、墙面PVC板、水帘、进气卷帘等整套软硬件设备，依托于猪舍内的智能通风控制器，根据设定的舍内温度自动输送命令到各系统，以自动智能地操作控制通风量，从而使室内环境保持在舒适区间。通风设备根据季节环境变化，智能控制舍内环境并减少有害气体的排放。

产房通风方式：夏季通风方式为一侧进风，一侧排风；空气除臭；冬季通风方式为地沟进风，一侧排风；废气收集通过空气除臭装置完成。

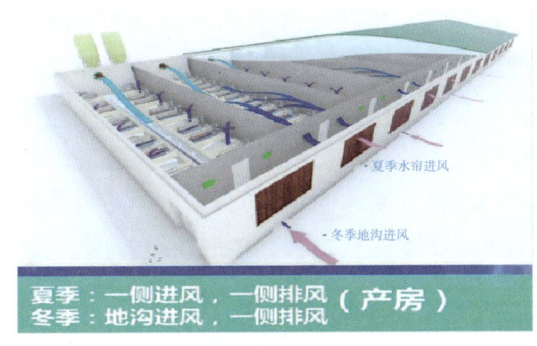

产房通风方式

配怀舍、育肥舍通风方式：两侧进风，山墙出风，废气收集通过空气除臭装置完成。

保育舍通风方式：地沟进风，山墙出风，废气收集通过空气除臭装置完成。

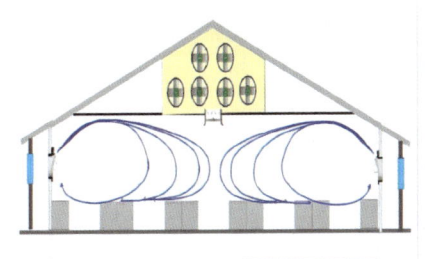

配怀舍、育肥舍通风方式

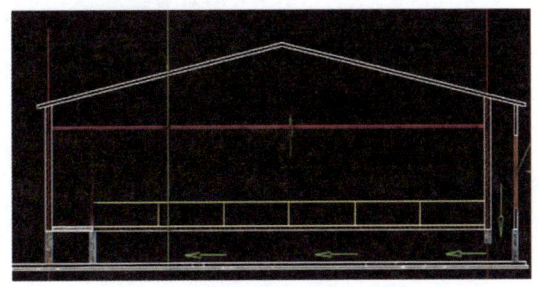

保育舍通风方式

**2. 生态化的环保工艺**

（1）空气除臭工艺。基地猪舍采用了先进的除臭系统。猪舍排出的废气经中央风道通过压力室进入空气除臭系统。空气除臭系统配备了喷淋柱，通过将微小水珠向气流方向逆向喷洒，使废气中的氨气和硫化氢等物质与填料表面的处理液接触。废气

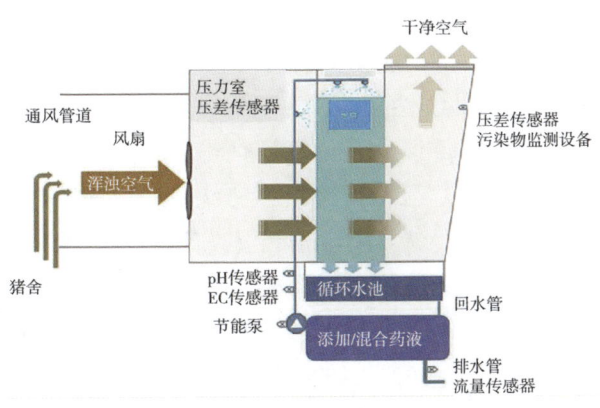

空气除臭系统工艺流程

中的氨气和硫化氢被处理液吸收转入液相，从而将污染气体从养殖场废气中分离。该空气除臭系统可有效减少养殖场废气中粉尘、有害微生物、氨气等有毒有害气体污染。

（2）粪污综合处理工艺。基地采用液泡粪模式，全粪量经过好氧发酵罐降解减量，污水监测COD（化学需氧量）、氨氮、总磷、总氮、pH值等指标，出水水质达标后纳管到桃源市政管网，将干粪转化成有机肥原料。

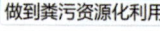

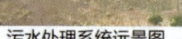

粪污处理系统示意图

### 3. 现代化的育种生产性能测定

（1）数据采集与管理。通过测定站等设备收集各类生猪数据，如繁殖性能（总产仔数、活产仔数、初生重、日龄窝重等）、生长发育性能（体重、日增重、达特定体重日龄、体尺等）测定等数据，并对数据进行有效管理。

（2）性能测定分析。根据采集的数据进行性能测定分析，例如自动测定每日体重并计算日增重，自动测定体重达到特定标准（如30千克、50千克、100千克）的日龄，实现自动计算日饲料报酬等。

（3）遗传评估。采用动物模型BLUP（最佳线性无偏预测）等方法进行种猪遗传评估，计算评估综合指数并排序，帮助筛选出具有优良遗传性能的种猪，并结合专家知识库和实际测定数据，进行BLUP运算、遗传进展评估等分析，为科学选配、优化育种提供技术支撑。

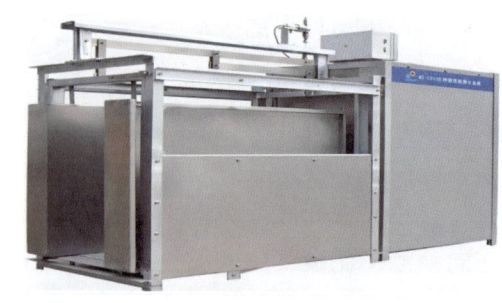

种猪生长性能测定站

## 三、取得的成效

### （一）节约资源方面

一是节约集约用地。传统养殖场主要采用自然通风方式，养殖密度相对较低，土地利用率不高，以饲养700头经产母猪的一体场为例，猪舍及附属设施至少需土地约50亩，现桃源基地总面积只有30.7亩，节约土地38.6%。二是节约饲喂投入。基地安装并运用妊娠母猪智能化饲喂系统与液态料系统，智能饲喂系统能根据妊娠日期与育肥猪

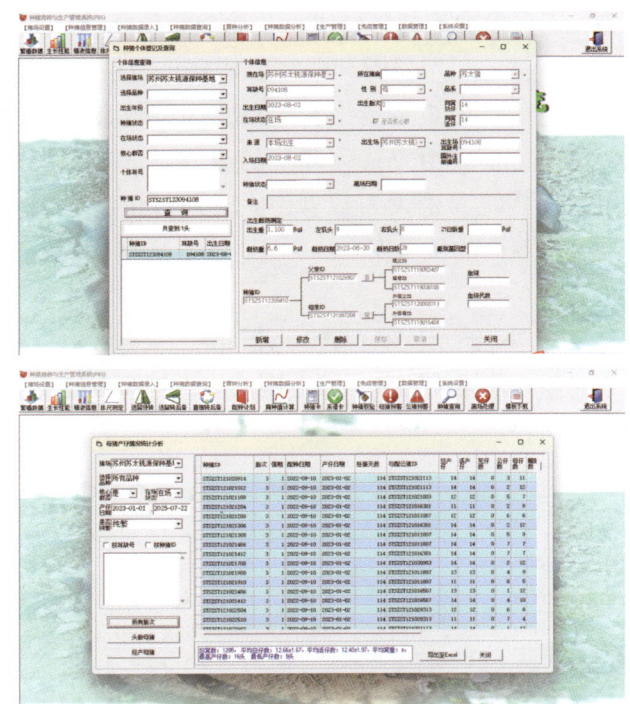

地方猪种信息管理系统

生长曲线自动调节饲喂量，全程料肉比相较传统养殖下降0.15，每头猪节约饲料约39元；液态料饲喂可有效节约用水1升/（头·天），以年出栏16000头计，年节约用水约5840吨。三是节约能源资源。基地利用空气能提供产房、保育地暖，较传统养殖的保暖灯，保暖效果更好；舍内安装自动通风系统，根据舍内温湿度自动调节通风量，给猪只创造更为舒适的生长环境，相比主动通风，自动通风可降低能耗，节约能源约8%。

### （二）提高效率方面

基地采用智能化养殖设备，标准化操作规范，大大提高了劳动生产效率。目前基地共有员工11人，较之前同规模的传统养殖减少用工7人，基地用工数量下降超30%，同时生猪饲养周期缩短了1个月，生猪发病和死亡率下降超3%，大幅提高了猪只单产水平，提升了养殖效益。

### （三）绿色发展方面

在粪污高效利用方面，基地猪粪固液分离后固体经发酵罐高温发酵，杀灭了所有微生物与寄生虫等，臭味也大大降低，不但减少了对周边环境的污

染，而且发酵后的猪粪进一步腐熟，营养物质更利于植物吸收。在碳氮减排方面，基地利用智能饲喂、智能环控及液态料等技术，大大减少饲料浪费、节约电能、缩短生猪生长周期，为碳氮减排作出了积极贡献。在兽用抗菌药使用方面，由于猪舍环境的改善，气喘、腹泻等常规疾病减少，兽药使用量比传统养殖大为减少，同时通过进一步规范兽用抗菌药使用，有力保障生猪产品的质量安全。

### 四、适合的养殖规模和区域

该养殖模式适合全国范围内中大规模养殖场参考借鉴。

## 大栋圈舍母猪群养标准化生态养殖模式

——宁夏海通达实业有限公司

**导言**：宁夏海通达实业有限公司配置有智能饲喂系统、智能管理系统、自动环境控制系统、生物安全系统以及粪污资源化利用设施设备，并引入 PIC 五元配套系种猪，养殖效率高、利润空间大。

### 一、企业基本情况

#### （一）企业简述

宁夏海通达实业有限公司，成立于 2017 年 4 月，地处中卫市沙坡头区镇罗镇。公司分为繁育场和育肥场两个场区，繁育场 2024 年存栏 PIC 五元配套系父母代种猪 3500 余头，年可繁育优质商品仔猪 9.2 万头；育肥场年可出栏优质商品猪 10 万头。2024 年全年种猪配种率约为 96.7%，窝产健仔数为 12.7 头，仔猪初生重 1.5 千克，仔猪断奶重为 6.8 千克，种猪年 PSY 达到 25.6 头。公司现有员工 120 余名，专业畜牧兽医及技术人员占职工的 30% 以上。公司是宁夏首家国家级无非洲猪瘟疫病小区，也是国家级生猪产能调控基地。

#### （二）场区规划设计

公司分为两个场区，繁育场总占地面积为 1300 亩，分为隔离舍、公猪舍、妊娠舍、分娩舍、员工宿舍、物资库、药品库、病死猪冷库、医疗废弃物暂存间及粪污治理区。育肥场占地面积 3000 亩，分为生活区、保育区、育肥区、粪污治理区和饲草种植区，建成标准化圈舍 106 栋。种植区占地面积为850亩，主要种植玉米。

## 二、主要做法

### （一）养殖建筑情况

繁育场建设2栋妊娠舍、2栋分娩舍、1栋公猪舍、2栋隔离舍，妊娠舍内设25个单元，共计限位栏1980个，电子饲喂站130个；分娩舍每栋内设10个单元，每个单元有产床60套，共计1200套。

育肥场建设保育圈舍26栋、育肥圈舍80栋，保育舍每栋可饲养保育猪1200头；育肥舍每栋可饲养猪只700头。

繁育场布局图

育肥场布局图

### （二）养殖设施设备情况及生产技术模式

#### 1. 智能饲喂系统

繁育场统一配套小型群养智能化饲喂器，圈舍均配置自动饲喂、饮水、通风、刮粪机及温控等设施设备。繁育场配置妊娠监测仪、背膘仪，通过自动化和智能化养殖，可大大降低劳动强度，提高劳动生产率，缩短生长周期，降低养殖成本。

猪小智小型种猪群养系统是一套母猪散养管理系统，能实现妊娠母猪的精准饲喂和福利化喂养，主要针对妊娠时期的猪只（配种4周后）进行精确下料，精确饲喂。通过该系统的使用，增加了妊娠母猪自由活动空间，减少了肢蹄病、便秘及繁殖性疾病的发病率，利于断奶母猪的发情，提高了母猪的生产性能，延长母猪使用寿命，每5头母猪节约1头后备猪饲喂周期。

日粮加工中心 / 料塔

料线 / 猪舍实景图

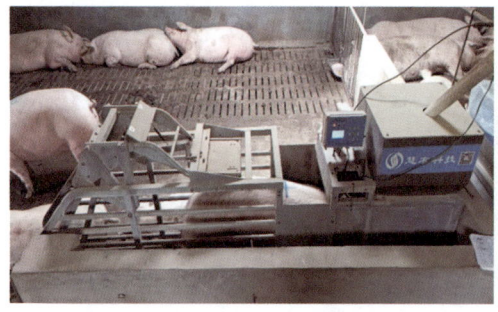
猪小智智能化小型母猪群养系统

节水碗

### 2. 智能化管理系统

场区重点环节、重点区域均配套视频监控设备，对人流、物流、猪流，以及污水处理各环节、场内环境全程视频监控。猪场配套 AI 巡检预警管理、信息服务和人机交互等智能化管理系统，支持手机、便携式电脑、监控中心等多层次、多类型设备接入。工作人员可以通过手机、平板或电脑随时查看猪场内部情况，并及时接收违规操作提醒信息，从而大幅提升了管理效率，降低了猪场的管理难度。

视频监控设备

猪场 AI 巡检预警器

### 3. 自动环境控制系统

采用自动环境控制系统调控舍内环境。圈舍内配备温度计、气体检测仪等设施设备，精准检测圈舍内的温度、湿度及氨气浓度，根据设备检测数据智能开关风机、启闭湿帘等相关设备，及时调节圈舍内温湿度、通风量，确保圈舍内各项环境参数达标。

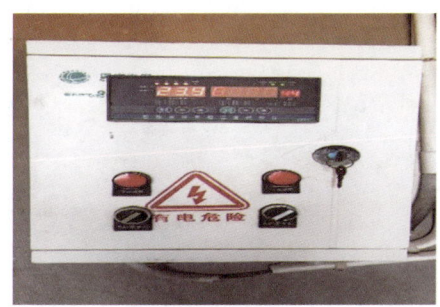

环控操作平台

圈舍走廊—自动化通风

风扇

水帘

### 4. 生物安全系统设施设备

在非洲猪瘟常态化下，疾病防控和生物安全管理得好坏直接决定一个猪场是否能存活下来，作为一个种猪场，生物安全防控更为重要。

在硬件设施方面，整个场区外围四周设有1.8米高的围墙、防护网等人工隔离设施；场内生活区与生产区有围墙严格区分；场区门口和生产区入口设有消毒室和洗澡更衣室，生产区分为繁育区和保育区，相距超过300米，并建设有实体围墙进行隔离；生产区内各猪舍间距8～10米；猪舍周边设驱鸟器、防护网、鼠药诱饵，生产布局和设施配备完全满足现代养殖企业防疫的基本要求。

| 场区 | 入场洗澡间 | 物资熏蒸房 | 洗消中心 | 生产区洗澡间 | 生产区更衣室 | 二次熏蒸间 | 中转出猪台 | 销售出猪台 | 中转料车 | 中转猪车 | 病死猪暂存处 | 病死猪转运车 |
|---|---|---|---|---|---|---|---|---|---|---|---|---|
| 繁育场 | 1间 | 1间 | 1间 | 1间 | 6间 | 1间 | 1间 | — | 1辆 | 2辆 | 1间 | 1辆 |
| 育肥场 | 1间 | 1间 | 1间 | 1间 | 4间 | 1间 | 1间 | 1间 | 3辆 | 5辆 | 1间 | |

宁夏海通达实业有限公司生物安全配套设施

生物安全防控设施设备

生物安全管理方面，公司制定符合本场设施情况的生物安全操作流程，将要求、顺序、标准融合在一起，有效地保证了制度执行的贯彻性和一致性。

严格控制人员、物资、饲料、兽药的进出,并建设了PCR检化验室,所有入场人员必须先进行PCR非瘟检测,结果合格后在场区门口的隔离区洗澡、更换场内衣物,并在专门的隔离室隔离36小时后方可进入生活区。将场区内划分为脏区、净区和缓冲区,员工着不同颜色的衣服进行区分,所有员工每日上下班进出生产区都要洗澡、更衣,确保最大限度地减少人体携带病菌进入生产区。场区内每周全方位消毒一次、灭蝇灭蚊一次,减少病菌的传播。所有物资在进入场区前要进行24小时的熏蒸消毒,根据物资差异配比不同的消毒剂,杜绝病毒通过物资传入。

通过严格的生物安全制度和操作,有效地减少了疾病的传播和进入,公司自建厂以来未发生过重大传染性疾病。

**5. 粪污资源化利用设施设备**

公司养殖采用干清粪模式,所有粪污进入收集池后进行固液分离,固体粪污进入封闭式堆粪场,进行腐熟发酵,发酵完成后全部用于自有850亩农田的施肥。液体粪污通过管道进入污水收集池,添加专用发酵菌种进行生物降解发酵(5~7天),实现无害化处理。3—10月兑水达到农灌标准直接用于农田浇灌,11月至翌年2月在污水池中暂存,等翌年用于浇灌农田和绿化地。

固体粪便储存

干湿分离设备

储液池

种养结合农田

## 三、取得的成效

### (一) 节约资源方面

公司采用的是大栋圈舍，繁育场每栋圈舍占地面积约为 6000 平方米，5000 头母猪只需要 4 栋圈舍就可实现妊娠和分娩，这种大圈舍的建设方式，减少了道路、墙体的建设，可以有效地节约土地的使用，相比较传统小栋圈舍，可节省占地面积 2000 平方米左右。采用的自动饲喂、自动饮水设备，可以减少饲料和水的浪费，猪吃多少、喝多少就出多少，避免了猪只拱料、拱水造成大量的浪费，年可节约用水 800 多平方米，可节约饲料约50 吨。

### (二) 提高效能方面

公司引入 PIC 五元配套系种猪，多年养殖数据显示，其料肉比平均为 2.2，100 千克出栏天数为 140 天，较杜长大三元杂交品种分别低 0.6、少 15 天；日增重 1038 克/天、瘦肉率 75.4%、产仔率 90% 以上，分别较杜长大三元杂交品种高 138 克/天、9 个百分点和 6 个百分点。如配套技术措施得当，其每头商品猪平均净利润达 200 元，比普通三元杂交猪高出 100 元，具有十分明显和优越的生产性能。

2024 年，养殖场存栏父母代种猪 3831 头，其中能繁母猪 3543 头，后备种猪 288 头。上半年养殖场平均配种率为 96%；窝均活仔猪数 12.52 头，哺乳仔猪成活率 96.1%，PSY 为 28.11 头。

### (三) 绿色发展方面

粪污治理区废水处理采用 A/O 处理工艺，废水处理后可以达到农田灌溉的标准，全部回用于周边林地、农田和枸杞地浇灌，实现了养殖—粪污—处理—还田的生态农业循环模式，做到绿色养殖、健康养殖、生态养殖。

## 四、适合的养殖规模和区域

该生产模式适用于全国大部分地区，适合于万头以上繁育一体化养殖企业。

第二部分 畜禽标准化规模养殖典型案例

## 推动区域融合　激发农业发展新活力

——上海松林农业发展有限公司

**导言：** 上海松林农业发展有限公司万春生态农场采用楼房养猪，生猪育肥生产采用两点式生产工艺流程，集成养殖废弃物资源化利用技术模式与圈舍精准环控技术模式，每年通过沼气发电300万度，浓缩沼液有机肥还田增加周边农户收益200万元，减碳20000吨以上。

### 一、企业基本情况

#### （一）企业简述

上海松林农业发展有限公司成立于2020年7月，注册地址为上海市金山区廊下镇景钱路688号，是上海松林食品（集团）有限公司全资子公司，注册资本12000万元，总投资约2.3亿元，于2021年8月建成上海松林万春生态农场，猪场占地总面积102亩，年出栏8万头商品肉猪，公司被评为上海市农业产业化龙头企业。

公司功能区整体布局图

#### （二）场区平面设计

基于生产需求，场区划分为洗消区、隔离缓冲区、生活区、饲料加工区、饲养生产区以及资源化利用区等功能区。

公司鸟瞰图

## 二、主要做法

### （一）养殖建筑情况及特点

猪舍由 2 栋并列各 4 层立体楼房猪舍构成。南、北 2 栋育肥舍东侧外沿各建有 1 座与猪舍同为 4 层的猪舍生产附属用房，每栋附属房分隔成淋浴、更衣、消毒、办公、储存、仓库、卫生等用房。

生猪育肥生产采用两点式生产工艺流程，仔猪在分娩舍断奶后转入育肥舍饲养至出栏。育肥舍承担了保育和育肥两项功能。两栋育肥舍每层各分隔为 8 个独立的饲养小区，既便于分批入栏、出栏的批次周转，又利于疫病防控、安全生产。育肥舍建有运猪专用电梯、赶猪通道，方便猪群入栏及商品肉猪通过赶猪通道至底层装车后运出。

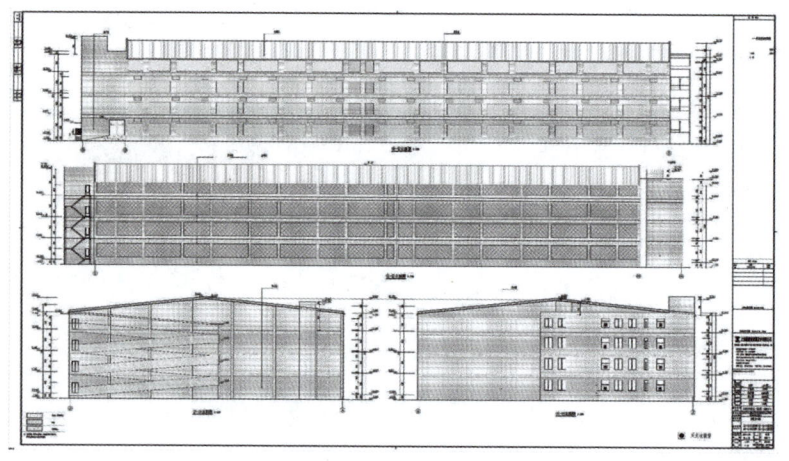

公司猪舍设计示意图

### （二）养殖设施设备情况及生产技术模式

**1. 养殖设施设备情况**

（1）饲喂设施。

采用自动化送料及散装饲料储存运输模式，配置设备送料，同时下料、定位定量饲喂。严控驱动器、转角赛盘、链盘、电容式接近传感器等设备主件质量，保证料线系统运行稳定、高效、控料精准。

猪舍饮水系统采用 PVC 水管，配置减压阀，保证舍内水压稳定。PVC 水管分流到每个栏位后使用镀锌饮水管，每个栏位配置一个饮水端口，饮水端口配有饮水乳头，节约用水。

## 第二部分 畜禽标准化规模养殖典型案例

自动化料线系统

饮水系统

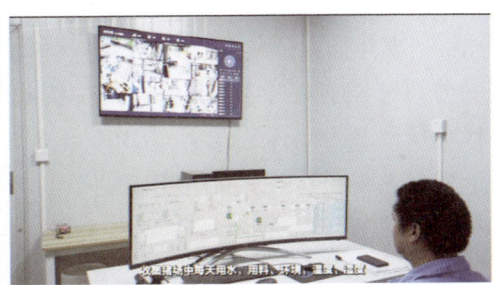

自动化饲料生产系统

（2）环境控制设施。

猪舍采用全封闭式设计，内部配备温湿度传感器、风量检测传感器、变频器、进风窗、水帘降温控制系统以及供暖系统等，以实现精准的环境调控。采用"半漏缝地板"等清洁养殖生产工艺技术，下设全自动刮粪板，每日定时清理3～5次。采用单元化"全进全出"管理模式，从源头上降低养殖用水及污水总量。

降温水帘

自动天窗（低通风级别时进风口）

除臭水帘　　　　　　　自动卷帘（高通风级别时进风口）

（3）废弃物资源化利用设施。

公司建设有一个4500立方米一级CSTR厌氧罐，一个1200立方米二级一体化厌氧罐和2个总容积约30000立方米的三级厌氧黑膜沼气池。粪污经厌氧发酵，发酵产生的沼液用于还田，沼气则由公司配置的沼气发电机组发电利用。

厌氧发酵罐　　　　　　　　沼液储存池

公司资源化利用区分布示意图

（4）生物安全设施。

养殖场周边采用实体围墙封闭，各生产单元设有围墙，并安装了消毒设施，确保养殖场的生活区与生产区实现有效隔离，并通过消毒通道相互连接，所有猪舍均采用密闭式设计。场区内定点投放防鼠药物，安装智能驱鸟器、防蚊虫网；每栋猪舍门口设有消毒盆，用于鞋底消毒；生产物资按栋专舍专用，严禁交叉使用。场区设置车辆进出洗消车间，配备了自动消毒机、高压清洗机等设备，提升消毒效率，确保消毒工作及时有效执行。

车辆进出洗消中心　　　　　　　　隔离缓冲区

公司配备无害化处理设备1套，病死猪由专车、专人收集和处理，无害化区与生产区之间用2辆无害化处理车无交叉对接转移，对发病猪进行隔离，建立病死猪处理档案。

此外，建立有实验室和兽医室，实验室设置样品处理室、提取室、扩增室、细菌培养室等功能空间，配备有生物安全柜、超净工作台、显微镜、荧光PCR仪等检测用设备设施。公司采取场内检测与外部送检相结合的策略，及时调整免疫计划，推动猪场疫病防控工作有效地进行。

兽药库房　　　　　　　　　　　实验室

**2. 采取的设施养殖技术模式**

（1）养殖废弃物资源化利用技术模式。

猪粪尿肥料化利用：养殖废弃物经格栅去除杂物，在水解酸化池混合后进入厌氧发酵系统。该系统采用单相湿式中温连续厌氧消化工艺，运行温度为35℃±2℃，处理规模300吨/天，污水停留时间20天+3个月，年处理粪污能力约10万吨，年产沼液有机肥7万吨。

猪粪尿能源化利用：猪粪尿等有机液态废弃物经多级恒温厌氧发酵，年产沼气约300万立方米，沼气中甲烷含量50%～65%，通过沼气发电机组，年发电量在300万度以上。同时，与科技公司合作，建成沼气提纯项目，用于生产生物天然气，且并入市政燃气管网。其中二氧化碳尾气也会作为玻璃和薄膜温室气肥二次利用。

沼液浓缩生产液态有机肥料：2024年完成沼液浓缩生产液态有机肥料项目所有工作，每年生产浓缩沼液有机肥料3000吨以上。

沼液硝化固氮减排氧化亚氮和水培蔬菜：通过好氧硝化细菌发酵，将沼液中易挥发的铵态氮等营养小分子化并固定下来，更适合无土栽培和水肥一体化种植，实现养殖场猪粪尿的减量化并且减少肥料使用过程中的氨氮和气味挥发。

沼液水培生菜　　　　　　沼气提纯天然气设备

沼液还田辐射区域（红色线条为铺设管网）

（2）圈舍精准环控技术模式。

环境控制系统：猪舍环境自动控制，提高环控精确性，保证舍内温度、湿度、氨气浓度等环境参数控制在猪群生长舒适的范围。夏秋季天气炎热，猪舍室内温度须控制在猪群舒适范围，配置风机、水帘降温，通风量大于猪群最小呼吸量。春冬季天气寒冷，风机通风换气，猪舍室内换气量须高于猪群最小呼吸量。

智能监测系统：① 智能控制：系统通过实时连续检测猪舍前端环境传感器、风量检测传感器的反馈信号，再驱动变频器、进风窗精确控制猪舍通风量，保证猪舍内猪只所需温度和通风量。② 智能报警：系统对猪舍无间断监控，当猪舍设备出现故障或房间温度、通风量等关键参数超出阈值时，系统将发出报警并将报警信息上传至智能运营管理平台，平台可使用多种报警方式提示客户。③ 远程管控：系统通过物联网及软件技术远程监管环控系统，远程查看、修改整个猪场每个猪舍关键参数，如房间温度、通风量、水暖温度、生长曲线、进猪数等参数，以及查看猪舍内实时监控图像。④ 报表分析：平台经大数据整合、分析，输出环控分析报表，为猪场相关管理和科研提供数据支撑。

## 三、取得的成效

### （一）节约资源方面

（1）土地节约。公司占地面积11095平方米，总建筑面积58707平方米，借助现代化设施，如高效利用圈舍空间、采用多层猪舍等，较传统猪场用地面积节约80%以上，实现了土地的更加高效利用。

（2）饲料节约。引入先进的饲喂系统和饲料管理技术，通过精确的饲料供给、科学的饲料配比等方式，降低了饲料的浪费。

（3）能源节约。通过沼气发电300万度，资源化利用产出的液肥、固肥有效还田，农田化肥施用节约200万元左右。

### （二）提高效率方面

（1）良种选育。选用荷兰托佩克高性能猪进行选配、定期更新种猪等措施，提高了生产效率及育肥品质。

（2）劳动生产率。利用自动化喂料系统、自动化刮粪板、远程操控系统、全自动环境控制系统等，相较于传统猪场每人饲养500头育肥猪，廊下猪场平均每人饲养5000头肉猪，实现高效化生产，大大降低了防疫风险。

（3）大数据系统的应用。结合大数据采集技术，对猪场的能耗、生长进度、资源化利用等数据进行监测和分析，及时发现和排查风险，进一步优化养殖方案，提高了生产效率、降低了养殖风险。

### （三）绿色发展方面

（1）养殖环境改善。通过环境控制系统和科学管理，提供了舒适、稳定的生长环境，减少疾病的发生；同时，建立严格的生物安全管理制度，有效控制疾病传播风险，促进绿色养殖的可持续发展。

（2）废弃物处理。引入先进的废物处理技术，如粪便合理处理、废弃物资源化利用等，有效控制了养殖废弃物的排放，减少了对环境的影响。

（3）种养结合。实现种养一体化管理，通过合理安排养殖和种植产业的布局和配套，实现了互利共赢，提高了资源利用效率。

（4）环境友好。使用沼液有机肥每亩农田可以减少化肥使用15%～100%，每亩减少化肥成本约200元，与公司签约的农户还田亩数为13000亩左右，合计增加周边农户收益200万元。

（5）减污降碳。每年减碳20000吨以上，减碳和固碳收益在60万元以上，带动区域农业实现低碳转型，实现养殖业和种植业的高效低碳可持续发展。

## 四、适合的养殖规模和区域

该模式适用于我国大部分地区，养殖规模在存栏20000头以上的猪场。

# 特色标准化养殖促保种

——四川恒通内江猪保种繁育有限公司

导言：四川恒通内江猪保种繁育有限公司以用促保，采用全自动液态发酵饲喂工艺，结合青饲料应用，饲料成本降低5%～8%；构建有智能环控系统、生产性能测定系统、健康保障体系等，猪群生产效率逐年提升。

## 一、企业基本情况

### （一）企业简述

四川恒通内江猪保种繁育有限公司成立于2020年，总投资1.5亿元，同年8月建成投产内江黑猪小寨，位于四川省内江市市中区永安镇尚腾新村，占地320余亩，建有生猪养殖圈舍2.3万平方米，设计存栏能繁母猪4050头。年可提供种猪3万头、商品仔猪5万头以上。2023年存栏母猪1500头，全年出栏21300头，生猪产值4260万元。公司现有人员46人，其中生产技术人员29人。是国家级生猪产能调控基地、国家级非洲猪瘟无疫小区、国家级内江猪保种场、四川省农业产业化龙头企业。

### （二）场区平面设计

场区单独设置净污道，外围为种植隔离区、污水处理站和洗消中心，场内独立建设有三个生产区域，保种备份场、祖代场和扩繁场。

场区布局图

场区大门及大门消毒池

生活区

## 二、主要做法

### （一）养殖建筑情况

养殖区域为满足生物安全的要求，采用三级防护设计，猪场最外围设置防护网，养殖区修建5米高实体围墙，分割养殖区与其他功能区，养殖区内部建封闭栋舍和蚊虫防护网，保证整个生产区域生物安全。

防护网

## （二）养殖设施设备情况及生产技术模式

### 1. 饲料加工、配制

场内采用全自动液态发酵饲喂工艺，将成品五谷杂粮粉料、青贮料、益生菌混合发酵。保证猪群正常营养需要的同时，添加青贮料能部分还原内江猪原始的采食结构。同时加入自研益生菌发酵产品酵益宝，可以进一步对饲料进行发酵。

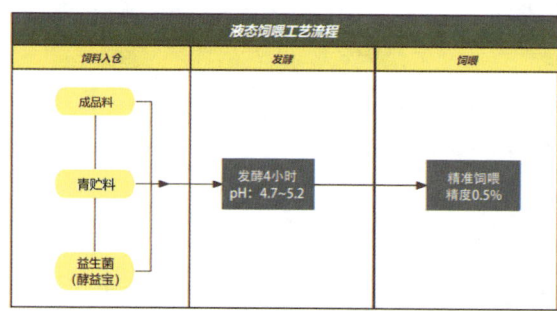

液态饲料加工车间

全自动液态饲喂料线

### 2. 饲喂系统

在发酵完成后进入全自动液态饲喂料线，料线配置有分配系统和在线称重系统，可精确控制每头猪的饲喂量，饲喂精度可达到±0.5%，保证了每头猪的饲料利用率和营养需要。

液态饲料分配间

### 3. 生产性能测定设施

在生长性能方面，采用奥饲本种猪生长性能测定站对猪只全程生长性能进行测定，结合育种系统逐步提升猪群生长性能。同时以测定结果作为改善饲料营养、饲喂量的依据，从而保证最优的营养配方和高水平的饲料利用率，节约饲养成本，提高生产效率。在繁殖性能方面，以育种系统记录种猪繁殖性能，并根据育种值进行选留，保证猪群遗传进展。

生长性能测定站

### 4. 舍内环境控制

针对不同猪舍分别安装空气温湿度传感器，实时获取温度变化情况。结合产房、哺乳育仔、保育、种公猪等不同特性，配合通风机、冷风机等设备。采用猪舍养殖环控系统的自动控制方式，预设好各类型猪舍的温度控制规则，由系统自动监测、传输和接收，及时预警异常情况，减少损失。同时也可以采用手动、远程两种控制方式，分别在智能控制柜、云平台上点击对应设备按钮/图标，对猪舍温湿度进行调控。三种控制方式之间可灵活切换，即时生效。特别是猪舍湿度控制方面，一旦高于湿度阈值，系统将自动触发报警方式，以云平台消息、App 消息、管理者手机信息、本地声光等方式，向养殖技术员示警，提醒人工介入排查处理。加强

智能环控系统（控制器）

智能环控系统（水帘）

智能环控系统（风机）

通风换气，定期消毒，杀灭环境及空气中的病原微生物，排除硫化氢等有毒有害气体、灰尘等。配合空气污染传感器、甲烷传感器、空气质量传感器等设备，在线监测空气质量，自动开启或停止通风设备。

### 5. 废弃物处理

污水处理系统处理后的水质达到 3 级排放标准，用于水生植物的生长和进一步净化水质的需要。净化后的水用于牧草灌溉，最终形成种养循环达到零排放标准。

自动化污水生化处理系统

水生植物净化系统

种养循环系统

### 6. 健康保障

在饲养环境方面，利用先进的全自动环境控制设备，结合场内的预警和覆盖全场的监控系统，保证猪场环控系统的正常运转。配置有覆盖全场的音频播放系统和玩具，始终让猪群在适宜的环境中生活。

在饲喂工艺上坚持 5%～10% 的青绿饲料比例，坚持发酵饲喂工艺，保证猪群肠道菌群平衡，提升猪群的肠道健康，从而达到提升猪只对饲料的消化、吸收和转化能力，提高猪只健康度和生产性能。

在猪群健康方面，基于上医"治未病"理念，依托集团中药提取、研发优势，以及营养抗病、中药保健的理念，创新提出"恒通 MSY25 养殖降本增效工程"，推出了涵盖养猪全过程，所有生产环节的高效、无抗、无激素、无残留的中兽药治未病系统方案。将中国药食同源、中药保健、营养抗病饲料等理念运用到云顶土内江黑猪无抗养殖中，杜绝各类抗生素、激素、催长因子，用中药代替抗生素，为云顶土内江黑猪提供高端药食同源、中药保健，为生产安全、健康、放心、无抗、无激素的生态土黑猪肉保驾护航。

**第二部分** 畜禽标准化规模养殖典型案例

始终践行国家农业食品"新三品一标",严格把控每一环节的生产流程,坚持农畜产品标准化、绿色化生产,做好有机无抗特色产业。

**快乐养殖六大指标**

**吃**
**五谷草饲 适合黑猪胃口**
为遵循"好猪肉是慢养出来的"规律,根据内江黑猪特性,为其量身定制复古五谷粗粮日餐,更符合内江黑猪喜欢天然粗食的天性。

**住**
**公园式福利猪场慢成长**
AI智能环控系统和中央空调系统,保证猪舍达到适合温度;全自动液态饲喂系统,喂食定时定量更健康;全漏缝卫生系统,保持干爽洁净;大栏喂养,保证了比普通白猪多一倍的活动空间。

**玩**
**自由运动 释放自然天性**
有趣的玩具,让猪只减少咬尾、咬架行为,增加黑猪乐趣。充足的锻炼,使得肌纤维更细致,肌肉更紧密,猪肉风味更醇香。

**健**
**中药保健 生态无抗育肥**
将中医中药应用在云顶土内江黑猪的预防保健上,全程使用药食同源中药和中兽药进行保健。减少化药和抗生素残留对人体健康的危害。

**乐**
**享受音乐 身心舒畅健康**
从出生到出栏一生享受轻松愉快的音乐。让猪只天天有个好心情,生理到心理都得到充分调理,提高黑猪的"幸福指数",就会减少患病风险。

**享**
**人道屠宰 安乐无痛干净**
中转采用空调运输车辆,猪只在屠宰前,洗澡净身消毒,保障干净卫生;宰前四小时停止饮水,聆听音乐,保持黑猪的心神宁静;使用惰性气体让猪只快速晕厥,进入无痛无惧安乐屠宰线,全程无应激。

妊娠舍

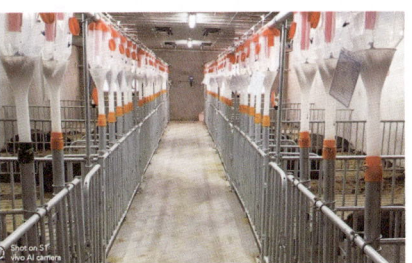

公猪舍

仔猪玩具

舍内音响

### 7. 生物安全设施

制定科学合理的防疫制度以及配套的设施，设置生物防护网，其成本较实体围墙更低，施工和维保便利。可以有效阻挡外来人员、动物的进入，保证场内缓冲区的有效缓冲作用。

车辆洗消棚可以有效控制车辆洗消过程中的污染扩散。结合消—洗—消的洗消流程，保证洗消过程的安全有效。

烘干房以 70℃、2 小时的烘干程序，为不适合进行浸泡、喷淋消毒的车辆、物资进行烘干消毒，补充消毒方式。

生物防护网

车辆洗消棚

烘干房

## 三、取得的成效

### （一）节约资源方面

场内除种猪生产区外，有 4 个金牧粮草种植区域和水芹菜种植区域，共计 200 余亩。这两个种植区域既起到了防疫缓冲带作用，同时还可以产出水芹菜和青饲料，提升了土地利用率。青饲料制成青贮发酵料，根据不同生长阶段和生产需要以 5%～10% 的比例投入饲料中，既保证了原始的内江猪部分采食结构和肠道健康，又降低了饲料成本，结合液态发酵饲喂工艺，总体饲料节约成本为 5%～8%，全年节约饲料约 100 吨，直接节约成本 25 万元。此外，粮草和水芹菜种植均由经处理合格后的养殖废水灌溉，不依赖外来水源，提高水资源利用率。

## （二）提高效率方面

在良种应用方面，以内江猪保种工作为前提，另划定育种核心群和新品种培育群。以繁殖性能和生长性能测定的表型数据进行遗传评估，并以此为依据逐代提升生产性能，从遗传方面提升猪群的生产效率，2023年繁殖性能PSY提升3头，多提供断奶仔猪9900头，增收792万元。

智能化养殖设备的应用降低了人员的投入，节约人力成本，较传统人工饲喂方式至少节约饲养人员12人，年节约成本86.4万元。

在生长性能方面，较未使用发酵工艺时，日增重增加8.3%，料肉比降低4.8%。在表观消化率方面，消化总能提高了5.2%。饲料经过发酵后，在一定程度上节约饲料成本，同时促进猪采食后的消化，有利于猪群肠道健康，降低粪便排泄量和氨氮排放量，提升猪舍内空气质量。

## （三）绿色发展方面

在养殖环境方面，外围环境坚持缓冲带的种植，提升整体环境，同时积极进行各类环境建设工作，在公司不断努力下，产业园获评四川省三星级现代农业园区。

在废弃物资源化利用和种养循环方面，利用污水处理系统、有机肥处理系统、水生植物净化系统、牧草种植园区等多方面有机科学地结合，实现种养循环，达到了零排放。

在生物安全方面，依托于生物安全管理体系，建立安全程度极高的养殖小区，并通过国家级非洲猪瘟无疫小区的现场验收。

## 四、适合的养殖规模和区域

本技术模式可适用于我国大部分地区，适合饲养规模500头以上的基础母猪养殖场。

# 科技引领　数字赋能提效率

——浙江清渚农牧有限公司

**导言：** 浙江清渚农牧有限公司通过全程设施化、机械化配置和智慧管理平台搭建，实现对养殖设备和生产流程的远程监管和智能控制，猪场整体节水达50%，用工节省80%，初步形成"猪—粪尿—有机肥—农作物"的废弃物生态循环模式。

## 一、企业基本情况

### （一）企业简述

浙江清渚农牧有限公司，坐落于风景秀丽的杭州市余杭区瓶窑镇塘埠村，占地面积达 97.1 亩，建筑面积约 25000 平方米。公司注册资本 6000 万元，总投资额 1.1 亿元。作为国家生猪产能调控基地，可年出栏商品猪 2.4 万头及仔猪 0.54 万头，同时荣获浙江省数字牧场、浙江省美丽牧场、浙江省畜禽养殖兽用抗菌药减量化和饲料环保化行动达标场等多项荣誉。

### （二）场区平面设计

场区分为办公区、核心生产区和环保区三个功能区块，核心生产区域包括后备舍、母猪配怀分娩舍、保育肥舍、公猪舍、隔离舍、员工宿舍、消毒间、粪污处理中心，办公区包括办公行政展示中心、配电房、门卫等配套设施，环保区设置有干粪发酵罐、沼液发酵罐、有机肥车间。在核心区块外围建设有车辆洗消烘干中心、人员消毒通道，配套售猪中转平台等生物安全配套设施。特点是利用丘陵山区地势，将生产区分为位于高处的种猪繁育区块和低处的肉猪育肥区块，两者落差达 2 米以上，保证猪、人、物从繁育区向育肥区单向流动，提高了生物安全水平。

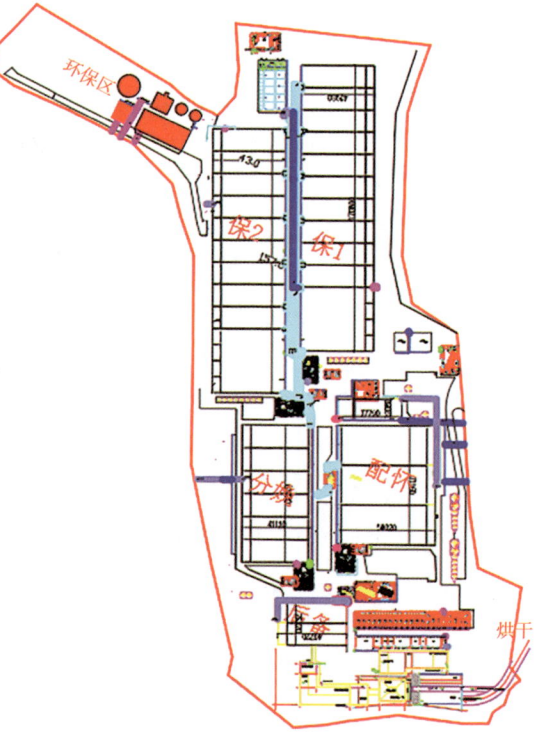

**场区平面设计示意图**

## 二、主要做法

### （一）养殖建筑情况

猪场设计和建设采用"大栋小单元"模式，以实现空间的合理分配与利用，便于日常管理和动物疫病防控工作。猪舍外围设置防虫网，舍内实行全封闭式管理，能在有效降低外界病原体传播风险的同时，降低养殖臭气对周边环境的影响。采用两端机械通风，确保舍内空气流通，臭气统一收集至除臭间进行高效处理。采用漏粪地板配合机械清粪，粪污经地下管网进入环保区，干湿分离后，干粪进行有氧发酵，液体进行厌氧发酵。

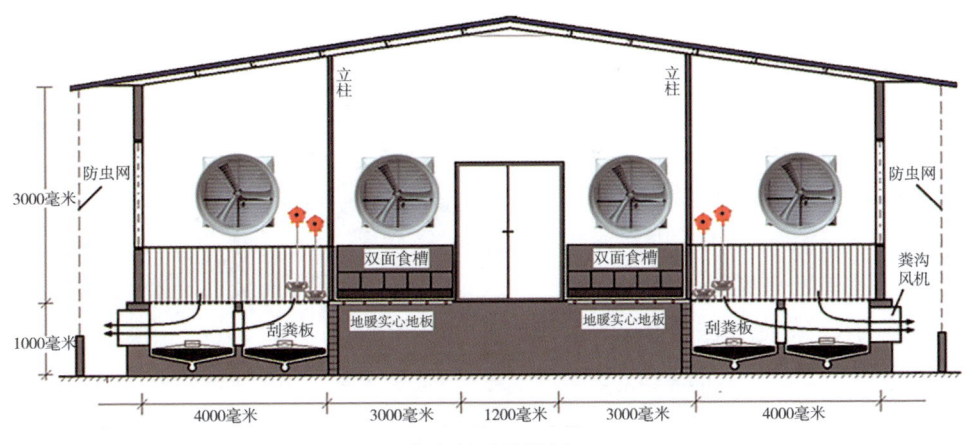

猪舍剖面设计图

## （二）养殖设施设备情况

### 1. 饲喂系统

采用现代化自动料线技术，确保饲料投喂的精准性和高效性。牧场配备2套主料线系统，每套料线配设7个主料塔，共配备18套分料线系统，每套料线配备1个分料塔，采用全自动配送上料系统和自动饲喂器，定时定量自动供应饲料，保证生猪饮食需求，同时减少浪费，节约人力和饲料用量，降低生产成本。

自动饲喂料线

### 2. 饮水系统

生猪饮用水采用"石英砂＋活性炭初过滤、UF膜系统二级过滤、UV紫外杀菌系统三级过滤",确保饮水安全。牧场猪只饮水依托猪舍内安装的限位饮水器,基于负压设计,限位饮水器的底部槽体液面可始终维持在2厘米的液面高度。当猪喝水时,饮水器与空气接触,内部压力大于外部压力,水自动地从管内流出直至液面高度在2厘米时饮水器自动停止供水,能保证生猪随时饮用新鲜水。另外,水碗采用深口节水型加深设计,使水可以淹没水嘴,猪在咬水嘴时水流过多会淹没鼻子,致使无法碰触水嘴,在水碗中喝水,从而达到节水效果。

生猪饮用水净化系统

### 3. 舍内环境控制

应用环境实时感知与自动监测分析控制系统,实现对猪舍环境监测与最优化调控。猪舍环境监控通过在每一幢猪舍内部署的环境感知设备,可实时获取温度、湿度、氨气三个室内最重要的环境监测信息,并将各环境感知仪进行无线连接构成物联网网络。通过各种环境传感器采集养殖场所的主要环境指标数据,并结合季节、猪品种、不同生长期及生理等特点,制定有效的猪舍环境信息采集及调控程序,通过应用湿帘降温、地暖加热、通风换气等设施与调控技术,达到自动完成环境控制、优化生长条件的目的。

 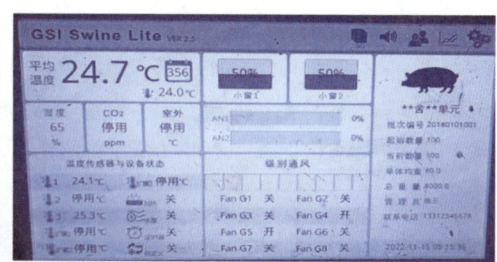

环境实时感知与自动监测分析控制系统

### 4. 废弃物处理

配套日处理200吨污水生化处理站、2个140立方米高温好氧干粪发酵罐和污水膜处理等粪污综合处理设施。液体粪污经干湿分离、厌氧发酵无害化后至区内种植基地实现资源化利用，干粪通过高温好氧发酵后作为有机肥使用，初步实现粪污资源化利用。建有 120 立方米病死猪暂存冷库，定期由第三方机构回收进行无害化处理。同时，建立收集和存放牧场内药物包装袋、疫苗瓶等有害垃圾的场所，统一进行无害化处理。

**好氧干粪发酵罐及有机肥生产系统**

### 5. 生物安全设施

充分考虑猪场生物安全问题，结合实际场地和生产需要，合理布局，区分车流、人流、物流和有害生物流（猪粪、垃圾等），构建四道生物安全防线（第一道防线：场区 500 米设外大门、门禁与消毒设施；第二道防线：场区内设门禁与消毒、四周实体围墙、风淋通道、人员洗澡更衣间、物流消毒通道；第三道防线：生产区与生活区大门设门禁、雾化消毒；第四道防线：各区域大门门禁、人员分区管理、消毒设施）。

严格执行全进全出模式，严格管控人员流动，养殖区域内禁止非养殖区域工作人员进入，猪舍内各区域人员进出严格消毒。所有车辆、物资在进入养殖区前，须经过彻底清洗消毒并高温烘干。持续做好非洲猪瘟、母猪繁殖与呼吸综合征、口蹄疫等重大动物疫病的日常监测。

引入先进物联网系统，实现对整个牧场的全面监控和智能管理。系统覆盖了定位栏、产房、保育区、肥猪区、公猪区、兽药房、办公室以及主干通道等所有关键区域，确保对生产各环节的实时监控。通过物联网技术，能够及时监管并回放任何生产环节，实现牧场的远程监控管理，增强了发现问题和追溯原因的能力。

## （三）生产技术模式

生产技术模式以设施化、数字化、绿色化为三大核心，构建一个高效、智能、环保的养殖体系。

### 1. 全程设施化机械化配置技术

综合配置运用先进料线、清粪、环控等设施，涵盖了从用电管理到自动送料、智能饮水、精准饲喂、环境控制、自动清粪、除臭系统、高压清洗等一系列数字化设施装备。这些先进的设备不仅极大提升了养殖效率，也确保了猪只的健康，同时为建设智慧管理平台提供了坚实的设备基础。通过配置全场基础网络，监控全覆盖，并投入各种设备传感器、网关等通信设备，实现设备互联，为建设智慧管理平台提供设备基础。

### 2. 数字化精密管控技术

通过搭建智慧管理平台，实现对养殖设备和生产流程的远程监管和智能控制。该平台能够实时显示设备运行状态、结果和预警信息，确保所有关键数据一目了然。通过这一系统，预警信息能够迅速推送给相关责任人，极大提升了管理的响应速度和效率。在生产端，可通过管理软件把每日生产事件录入系统，包括配种、查情、分娩、断奶、转舍、死淘、销售、物资采购和领用等，实现对猪群的全程实时在线监管，以及业务财务的一体化管理。工作人员可以根据系统自动生成的提示信息和任务信息，高效规划和执行日常工作。数字化建设实现全场信息的同步和共享，显著降低了沟通成本，推动日常经营管理的良性循环，进一步提高了工作效率。自投产以来，母猪PSY达到27

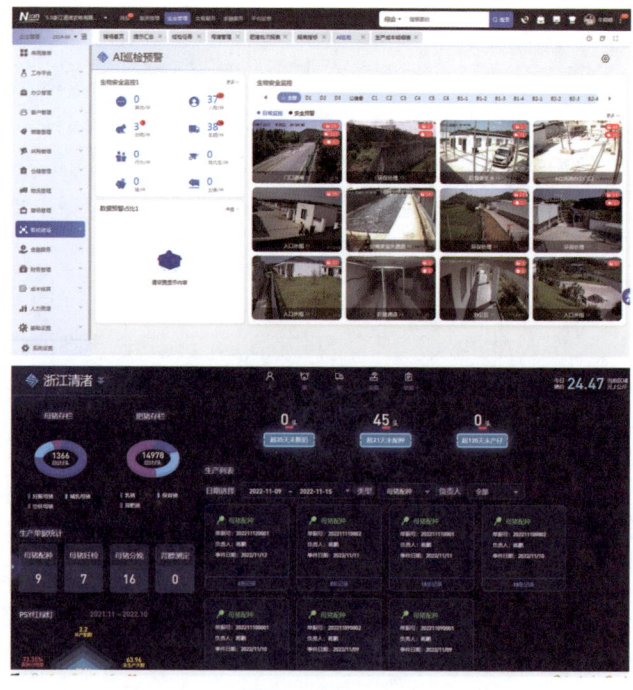

**智慧管理平台**

以上，配种分娩率超过 90%，料肉比控制在约 2.9。

## 三、取得的成效

### （一）节约资源方面

猪场在节水方面，采用全漏缝地板，实现了饲养期猪舍免冲洗；高压水枪消毒清圈操作技术，使清圈消毒用水量由 15 吨/单元降至 3 吨/单元；智能环控系统采用电脑控制喷雾降温技术，精准控制用水，用水量仅为之前的 1/4；智能饲喂系统使用节水型限位饮水器，通过控制液面高度，实现精准供水，比鸭嘴式饮水器节水 50%。以上设备使每出栏一头猪用水仅 1.3 立方米，减排污水 2 吨/头，使规模化养猪场整体节水达 50% 以上。

### （二）提高效率方面

通过全程设施化、标准化、智慧化养殖，整体提升牧场的饲养管理水平和全群生猪的健康水平，充分挖掘生产潜能，使 PSY 达到 27 以上；自动化设施设备和数字化管理系统的使用，让养猪变得更为高效、便捷，大大降低用工量，每饲养 3000 头生猪的用工量由 5 人下降到 1 人，用工节省 80%，有效地提升了养殖效益。

### （三）绿色发展方面

坚持兽用抗菌药减量和饲料环保化，采用中草药保健，添加复合酶制剂、益生菌等替代抗生素技术，助力解决药物残留、细菌耐药性等问题，进一步提升猪肉产品品质，降低了粪便中氮、铜、锌等元素的排放；坚持绿色循环发展，形成"猪—粪尿—有机肥—农作物"的废弃物生态循环模式。

## 四、适合的养殖规模和区域

该模式具有广泛适用性，但考虑到种养结合的可持续发展，建议选择周边有大面积种植基地的区域，该模式适合的养殖规模为 1000～2500 头能繁母猪。

# 牛羊篇

## "牛进我家更幸福"——前进中的幸福牛

——灵武市幸福牛牧业有限公司

导言：灵武市幸福牛牧业有限公司创新构建智慧牧场五大技术中心：奶牛智慧管理中心、奶牛日粮中央厨房、智能挤奶中心、犊牛培育中心以及奶牛粪污综合利用中心，通过技术集成提升牧场生产能效、降低运营成本，构建"技术驱动—效率跃升—生态增值"的现代奶业发展范式。

### 一、企业基本情况

#### （一）企业简述

灵武市幸福牛牧业有限公司成立于2020年3月，位于宁夏回族自治区灵武市白土岗奶牛养殖园区，是一家集奶牛养殖、饲草种植、收购，生鲜乳销售为一体的现代化养殖场。养殖场现有职工100余人，其中技术人员20余人，本科及以上学历人员10人。2023年公司生鲜乳产量3.7万吨，成母牛单产水平11.857吨，营业收入1.626亿元，利润1300万元，目前泌乳牛2450头左右，日产奶98吨，生鲜乳质量指标优于欧盟生鲜乳质量标准。建场以来，先后被评为宁夏回族自治区动物防疫条件监督管理示范场、智能化农机示范基地。

#### （二）场区布局

养殖场占地600亩，充分发挥地势优势建成4个功能区：生活办公区、日粮加工区、奶牛养殖区和粪污处理区。生活办公区处于场区地势最高处，主要由办公区、档案区、生活区、娱乐区等区域组成。日粮加工区主体结构呈"U"形半开放式，占地9744平方米，分区堆放豆粕、棉粕、苜蓿草、燕麦草等饲料，西侧建成青贮池3座。奶牛养殖区建成双排卧床开放式牛舍8座，后备牛舍6座，犊牛培育中心1座，挤奶厅2个，饲草料和牛奶化验室等辅助设施齐全。粪污处理区处于地势最低处，粪污收集系统、自动刮粪机、干湿分离机、堆粪棚、污水处理站等设施齐全。

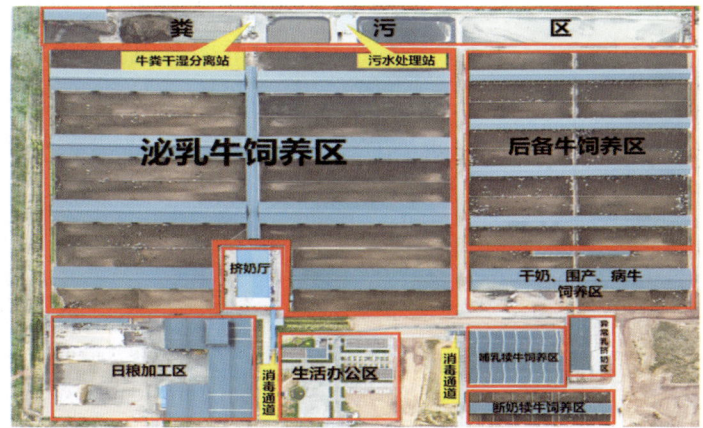

养殖场场区布局图

## 二、主要做法

### （一）养殖建筑情况

养殖场占地600亩，建成8个标准化泌乳牛棚，面积6.1万平方米，主体采用轻钢结构建成。顶棚采用双坡顶设计，彩钢瓦棱板材质，双坡边缘加装镀锌导雨槽，牛棚两侧采用自动化卷帘设计，地面用水泥浇筑。棚内由中间走廊隔出两个养殖区，三层镀锌管焊接围栏，每侧养殖区配套240个卧床。舍外配套建有5万平方米左右的露天运动场。运动场经旋耕消毒后，地面松软适中，为奶牛营造了一个安全舒适的运动环境。奶厅出牛处有自动分群门，防止奶牛混群。牛舍配套有8组德国GEA自动刮粪系统和奶牛日粮中央厨房智能饲喂管理系统，切实提高了劳动效率，降低了劳动成本，提高了生产效率。

犊牛饲喂中心建筑面积7120平方米，主体采用轻钢结构建成。顶棚采用波形顶设计，彩钢保温板材质，顶棚低檐加装镀锌导雨槽，棚四周采用自动化卷帘设计，地面用水泥浇筑，净污通道分离，污道粪污采用水冲式清理。拥有距离地面高60厘米犊牛栏900余个，围栏采用镀锌管焊接，漏粪板采用PE材质。同时配套了犊牛专用常乳巴氏杀菌系统1套、犊牛餐具清洁和灭菌机组1套及舍内温度和湿度控制系统。犊牛饲喂中心创新性地采用室内高床饲养的模式，有效提高犊牛棚清洁程度，改善了犊牛的生长环境、减少疾病的发生，有利于犊牛生长发育，有利于集中饲养管理，人工作业效率高，有效节省养殖劳动力。

## （二）养殖设施情况及生产技术模式

### 1. 养殖设施情况

牧场拥有奶牛日粮中央厨房、智能挤奶中心、犊牛培育中心、奶牛粪污综合利用中心和数据管理中心。

奶牛智慧管理中心：连接四个硬件中心，实现饲喂、挤奶、犊牛培育、环保四大管理模块联动，聚焦现代化牧场提质增效。

新牛人 ERP 系统　　　　　　　健康繁殖管理系统

DairyPlan 挤奶管理系统　　　　智能监控系统

奶牛日粮中央厨房：由自动精料生产机组、TMR（全混合日粮）配料机组、精准配送系统组成。以 TMR 机组为中心，配套自动称重和精准饲喂系统，通过自动称重和数据反馈，实现日粮精准配置和投喂。配合便携式近红外分析仪和宾州筛分析，确保营养达标，日粮稳定。

日粮加工中心　　　　　　　联合研发的第三代湿贮玉米粉碎机

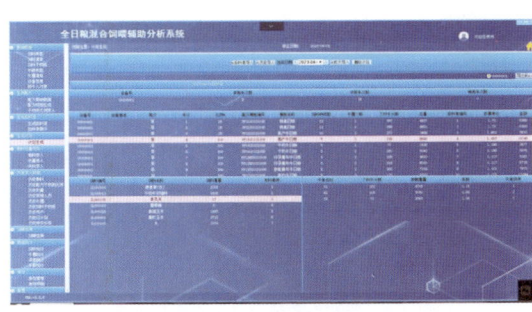
奶牛日粮精准饲喂系统

泌乳牛舍

智能挤奶中心：配置 GEA T8900 型 80 位转盘式挤奶机、全自动识别系统、牛奶速冷系统，配套喷淋、风扇等环控设备和智能分群设施。挤奶全过程仅需 8～9 分钟，每小时可挤奶 500 头。牛奶速冷系统可在 10 分钟内将温度降至 0～4℃，保障牛奶新鲜度。

GEA 公司 T8900 型转盘式挤奶机

灵武市幸福牛牧业有限公司第一挤奶厅

智能分群设施

牛奶速冷系统、奶仓

犊牛培育中心：创新性采用室内高床饲养模式，配套高位犊牛栏 900 余个、常乳巴氏杀菌系统和精准饲喂系统各 1 套，犊牛餐具清洁和灭菌机组 1 套，并配套舍内温度和湿度控制系统，犊牛成活率较传统犊牛岛提高 2～4 个百分点。

犊牛培育中心

犊牛精准饲喂系统

犊牛餐具清洁和灭菌机

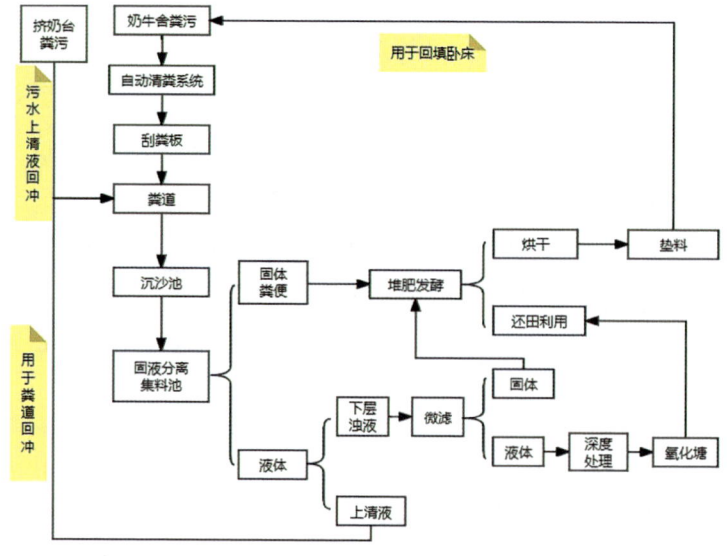

舍内温湿度控制系统

奶牛粪污综合利用中心：配套粪污收集系统 2 套、自动刮粪机 8 组、干湿分离机 1 套，日处理污水 100 立方米的污水处理站 1 座，堆粪棚、晾粪场 5000 平方米，沉沙池、沉淀池、氧化塘 7.6 万立方米、雨水收集池 1.2 万立方米。采取垫料回填卧床模式，头均年节约成本 790 元。

粪污处理流程图

全自动刮粪机

滚轮式牛粪干湿分离机

干粪卧床　　　　　　　　　　　　　　氧化塘

**2. 采取的设施养殖技术模式**

依托牧场大数据中心，实施关键模块的智能运行。

（1）智能化管理模式。引进"新牛人牧场管理系统"，整合和互通 Dairy Plan 奶厅、睿保乐发情和健康管理、日粮数据监控等系统，实现牧场内部数据精确、全面、及时采集与预警，并与各种硬件进行数据传输，为技术人员提供准确的信息支撑；方便牧场各部门深层次挖掘分析数据，并根据不同管理需要生成报表、预警及智能分析结果，为管理者快速决策提供参考；通过移动客户端的应用，实现智能化生产现场管理与数据获取，极大降低管理成本。

（2）高效自动化挤奶模式。智能挤奶中心具有高效、精准、运行稳定的特点。通过在位识别器、自动计量和分析组件，实现挤奶全程自动识别和智能化转速调整，有效提高了奶牛的舒适度和挤奶效率，较传统并列式挤奶效率提高50%左右。自动识别系统和计量系统协同作用，真实有效记录每头牛挤奶时间、产奶量、乳成分，并实时上传至牧场管理系统进行分析监测，异常泌乳牛只信息会自动反馈至自动分群门，并隔离至待处置区，切实提高兽医人员工作效率。

（3）犊牛高床培育模式。创新性采用室内高床饲养模式，施行一牛一栏集中饲养，有效提高了建筑面积的使用效率，实现标准化养殖；栏位离地高度0.5米，实现了犊牛与粪尿有效分离，保证犊牛体表干净卫生；封闭式圈舍内配套通风系统、有害气体检测系统，确保舍内冬暖夏凉、干燥、舒适，便于管理；犊牛自动饲喂系统和自动清洁系统可有效减少劳动投入，有利于疫病防控，有效降低犊牛的发病率，切实提高犊牛成活率和生长达标率。

（4）粪污清洁回用模式。牧场充分利用地势优势，建成连接各圈舍及奶厅的粪污通道，通道均采用管道闭环运行，地下输送管渠道与智能化清粪系统有机结合，产生的粪污经干湿分离后，干粪用做卧床垫料，液体粪污上清液反复用于回冲粪污通道，剩余液体粪污进入污水处理站处理后进入氧化塘，用于场区周边绿化，最终实现节约用水、减少污染。

## 三、取得的成效

### （一）节约资源方面

#### 1. 节约饲料

牧场引进先进的奶牛精准饲喂系统、TMR日粮配制和饲料管理技术，创新研发湿贮玉米粉碎机，通过精准饲料供给、科学饲料配比和高湿玉米的创新性使用，降低了饲料损耗率，提高了利用率。高湿玉米贮藏损失率小于2%，较正常玉米的贮存损失率低至少3个百分点，制作成本较玉米粉至少低100元/吨。公斤牛奶成本降低0.03元，按照年产3.7万吨牛奶计算，年节约成本111万元。

#### 2. 节约资源

牧场进行雨污分类收集，建设雨水收集池，用于养殖场周边绿化；采取液体粪污上清液回冲粪沟的方式,水资源利用率提高近 40%;智能化环境控制系统,可有效降低热应激状态下水资源的浪费,用水量降低了 50%;污水经深度处理后循环利用,极大提高了水资源的利用率,每年节约用水 30% 以上。

### (二)提高效率方面

牧场利用现代化物联网、互联网技术,构建现代化"牧场智慧管理中心",建立了高效信息采集体系,实现数字化、智能化管理,产犊间隔缩短 25 天左右,配种效率提高 10% 以上,转台效率提高至每小时 550 头,切实提高了牧场生产效率和管理水平。同时在大数据的支持下,通过自由分析模块,精准筛选生产性能优秀的奶牛,指导牧场开展有效的选种选配工作,切实提高奶牛核心群建设效率。

### (三)绿色发展方面

圈舍通过智能化环境控制系统和科学的生产管理,调节和优化奶牛生产区和挤奶厅等区域环境因素控制,为牛群提供了舒适的生长环境,促进绿色养殖。同时牧场采取粪污清洁回用处理模式,实现了粪污减排和资源化利用。

## 四、适合的养殖规模和区域

该模式适用于土地资源丰富、气候干燥的北方地区集约化奶牛养殖。智能化养殖设备适合年存栏 5000 头左右的大中型奶牛规模养殖场。

# 精细化管理　助推奶牛提质增效

——中垦天宁牧业有限公司

导言:中垦天宁牧业有限公司通过推行精准饲喂模式,牧场精料损耗率降低至 2%;通过源头减量、奶厅废水回用等措施,年节约水资源 30%。成功打造"节粮—节水—提效"的奶牛养殖案例,为西北地区奶业可持续发展提供实践借鉴。

## 一、企业基本情况

### (一)企业简述

中垦天宁牧业有限公司成立于 2011 年 10 月 28 日,是中垦乳业所属现代化大型奶牛养殖企业，也是宁夏回族自治区较早的万头奶牛场。项目总投资5亿元，占地1500亩，现存栏奶牛12500头。公司现有员工220人，其中总经理1人，副总经理1人，其他管理人员14人，生产技术人员189人，后勤人员15人。所产优质生鲜乳主要供应重庆天友乳业、中宁黄河乳业，部分供应给伊利乳业。牧场先后获得了GAP良好农业规范认证、鲜牛乳有机产品认证、学生奶认证、安全三级达标认证，生鲜乳生产实现全过程质量追溯，是自治区级农业产业化重点龙头企业、国家级疫病净化场、全国标杆牧场和信息化示范基地。

2023年公司生鲜乳产量8.28万吨，成母牛单产水平12.1吨，营业收入3.74亿元，利润4625万元，目前泌乳牛5800头左右，日产奶230吨，生鲜乳菌落总数、体细胞数、脂肪含量、蛋白质含量等质量指标优于农垦乳业联盟优质乳、欧盟生鲜乳质量标准，达到了国家优质乳工程标准。

### （二）场区规划设计

公司占地1500亩，规划布局主要包括5个功能区，即管理区、生产区、饲草料加工区、隔离区和无害化处理区。管理区主要由办公室、住宿楼、餐厅、检验检测室和防疫诊断室组成。生产区建成标准化泌乳牛舍8栋，干奶牛舍1栋，后备牛舍9栋，犊牛舍2栋，断奶犊牛舍2栋，特需牛舍3栋，挤奶厅2栋，奶厅2个，牛舍两侧均配套建设运动场2.5万平方米，牛舍、待挤厅均配套风扇、喷淋等设备和环境控制系统。饲草料加工区建成青贮窖8

**养殖场规划布局图**

座、干草棚 4 座、精料库 2 座、TMR 车间 1 座。隔离区建成隔离圈舍 2 栋；粪污处理区建成干湿分离间 1 座、厌氧发酵罐 3 座、堆粪棚 4 座、液体存储池 6 座、雨水分离储存池 5 个、配套粪污处理设施设备 1 套。

## 二、主要做法

### （一）养殖建筑情况

养殖区占地面积 93 万平方米，主体采用轻钢结构建成。顶棚采用双坡顶设计，彩钢瓦棱板材质，双坡边缘加装镀锌导雨槽，牛棚两侧采用自动化卷帘设计，地面用水泥浇筑。棚内由中间走廊隔出两个养殖区，三层镀锌管焊接围栏，每侧养殖区配套 240 个卧床。舍外配套建有 5 万平方米左右的露天运动场。运动场经旋耕消毒后，地面松软适中，为奶牛营造了一个安全舒适的运动环境。奶厅出牛处有自动分群门，防止奶牛混群。奶牛日粮中央厨房智能饲喂管理系统，切实提高了劳动效率，降低了劳动成本，提高了生产效率。

### （二）养殖设施情况及生产技术模式

#### 1. 养殖设施情况

适宜的配套设施、设备及良好的环境控制系统，是确保奶牛健康、提升奶牛生产效率和生产质量的重要前提。牧场拥有智能化综合管理系统、饲草料加工调制与精准饲喂系统、冷链物流管理系统和产品质量追溯系统。

（1）智能化综合管理系统。利用现代化物联网、互联网技术将阿菲金牧场管理、用友 NC 财务、OA 办公、视频监控、日粮精准饲喂和农垦农产品质量追溯等系统数据互联互通，建立高效的数据信息采集系统、规范的牛群动态档案，实现牛群个体及群体饲喂、繁殖、产奶等不同环节的综合管理，实现数字化管理。同时，配套计步器、分群门、奶厅自动化挤奶系统、远程视频会议系统和移动客户端等，牧场工作人员可实时了解牧场各环节工作情况，让数据回归生产，实现牧场情况可视化，极大提高了牧场生产效率和管理水平。

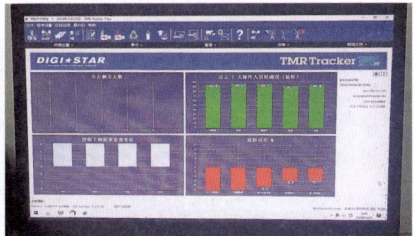

**智能化综合管理系统**

（2）饲草料加工调制与精准饲喂系统。牧场配套 TMR 牵引式日粮车、剩料收集车。牧场采取全混合日粮饲喂模式，"数据星"精准饲喂系统用于牛只饲喂管理，可全面记录、分析日粮制作和投喂数据，可有效简化饲喂程序，提高劳动生产效率，强化饲喂成本管理和降低劳动成本；TMR 日粮车自动计量称重显示系统能够精准执行配方，使精粗饲料混合均匀，能够有效提高奶牛干物质采食量，维持日粮稳定，减少奶牛代谢病的产生。

 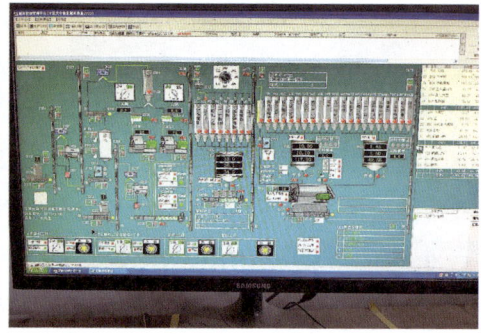

**饲草料加工调制与精准饲喂系统**

（3）冷链物流管理和产品质量追溯系统。将农产品质量追溯系统和冷链物流管理系统充分融合，通过质量追溯系统监测每头奶牛饲料和疫苗使用、圈舍消毒、挤奶过程和鲜奶存贮去向，实现牛只从出生到淘汰的终身事件可追溯、奶源质量可控。鲜奶专用转运车辆均配套一体化冷链物流管理系统，系统由 SaaS 平台、GPS、车辆维保、实时温度及视频等多项功能组成，实现物流智能化、全程透明化。

**产品质量追溯系统**

### 2. 生产技术模式

（1）精准饲喂模式。牧场安装料塔、精准配料和饲喂系统，用于牛只饲喂管理，系统通过详细记录每个牛群日粮制作的原料装料量、装料时间、搅拌时间和投料量，通过实际量与计划量的数据对比分析，实时反馈至相关工作人员，有效提高日粮制作精准度，粗料误差可精确到 20 千克以内，装料误差小于 8%；精料误差可精确到 2 千克以内，装料误差小于 1%。同时，系统的使用可有效实现对饲料原料的"先进先出"管理和工作人员的定点定人配料管理，进而大幅提升日粮的稳定性，并有效控制和减少饲料损耗，切实提高牧场经营效益。

（2）清洁回用粪污处理模式。牧场采取"资源化利用＋循环农业"运营模式。奶牛养殖产生的粪污经干湿分离后，固体粪便无害化处理后用于回填卧床，增加牛只舒适度；粪水通过沼气厌氧发酵后，经酸碱调解、陈化后还田利用，改良周边土壤，减少肥料的投入，降低种植成本；奶厅冲洗水再次回收利用，进行冲洗奶台；圈舍配套导雨槽，收集的雨水贮存至雨水收集池，用于牧场绿化；通过使用生物发酵饲料，提高奶牛消化代谢水平，减少氨、氮等臭气排放。

## 三、取得的成效

### （一）节约资源方面

2016年之前牧场饲料平均损耗率3%，主要包括风吹损耗、撒落损耗、库底变质损耗等，其中豆粕等粉状原料的损耗率超过4%。通过精准饲喂系统，牧场精料损耗率降低至2%，年节约饲料成本154万元。通过源头减量、奶厅废水回用等措施，年节约水资源30%左右。

### （二）提高效率方面

统筹牧场智能化管理和大数据分析，科学制定母牛群体选种选配方案，实现奶牛良种扩繁，牛奶产量和品质均有提高。扩繁群成母牛单产水平达到11.9吨，年产鲜乳量7万吨。数据星精准饲喂系统的使用可有效提高日粮的精准度和稳定性，奶牛群体瘤胃酸中毒、产褥热等代谢病疾发病率降低1个百分点。

### （三）绿色发展方面

圈舍通过智能化环境控制系统和科学的生产管理，调节和优化奶牛生产区和挤奶厅等区域环境因素控制，为牛群提供了舒适的生长环境，促进绿色养殖。同时牧场采取"资源化利用＋循环农业"运营模式，坚持"源头减量、过程控制、末端利用"的治理路径，实现了粪污减排和资源化利用。

## 四、适合的养殖规模和区域

中垦天宁牧业有限公司所采用的养殖设备和工艺，适用于我国土地资源丰富、气候干燥的北方地区集约化和规模化奶牛养殖企业。智能化养殖设备的使用，投资大、效率高、产能高，适合年存栏规模在5000头左右的大中型奶牛养殖场，同时要考虑水、电、物流等的保障。

## 设施化数字化促进奶牛养殖提质增效

——云南海牧牧业有限责任公司文山分公司

导言：云南海牧牧业有限责任公司文山分公司主要从事奶牛养殖，通过集成标准化青贮饲料收贮加工技术、精准饲喂调控技术、牧场数字化高效管理技术及疫病监测防控健康保障系统，实现人均饲养牛头数68头、成母牛年单产突破12吨的目标，为西南地区奶牛高效养殖提供参考借鉴。

### 一、企业基本情况

#### （一）企业简述

云南海牧牧业有限责任公司文山分公司是一家专业化、现代化的奶牛养殖企业，于2020年注册成立，注册资金500万元。公司位于云南省文山州砚山县平远镇黄栗树村，养殖场占地247.4亩，总投资1.2亿元，现有员工46人，其中专业技术人员15人、生产人员31人。2023年末，存栏奶牛2917头，其中成母牛1032头、后备牛1885头，年总产奶1.13万吨。先后荣获"全国现代设施农业创新引领基地""国际后备牛培育协作创新平台协同共创基地""2022年云南省青贮饲料质量评鉴大赛金奖""省级畜禽养殖标准化示范场""省级动物疫病净化场"等荣誉称号。

#### （二）场区布局

场区分为生产区、粪污无害化处理区、生活办公区，各区之间均设置围栏及隔离设施进行物理隔离。生产区内设有犊牛舍、育成（青年）牛舍、泌乳牛舍、干奶牛舍、隔离治疗区、兽医室、挤奶厅、饲草料区，满足奶牛的饲养、防疫保健及产奶需求。粪污无害化处理区内设有粪水收集池、牛粪收集池、沼气池、沼液池、牛粪晾晒发酵棚、有机肥包装区、病死动物暂存间及医疗废弃物暂存间等设施设备，用于牧场粪污、病死动物及其产物和医疗废弃物的无害化处理。生活办公区设有办公室、会议室、生活用房以及低耗物品库房，可满足日常办公、接待及后勤保障工作。

牧场生产布局图

## 二、主要做法

### (一) 养殖建筑情况

公司按照现代化、标准化建设要求，建设了成母牛舍、青年牛舍、育成牛舍、断奶犊牛舍、哺乳犊牛舍等，其中成母牛舍、青年牛舍采用开放式散栏自由卧栏设计，育成牛舍与哺乳犊牛舍采用散栏大通铺牛舍。成母牛舍共3栋，有2栋长200米、宽32米，有1栋长114米、宽32米；青年牛舍1栋，长144米、宽30米；育成牛舍1栋，长144米、宽27米；断奶犊牛舍长54米、宽15米。所有牛舍为轻钢结构，彩钢板屋面，钟楼式屋顶，檐高4.5米，立面为开放式，四周建50米高的挡粪墙，安装栏杆。舍内为双列对头式，中为饲喂通道，两边依次为料槽、快放式颈枷、采食通道、卧栏加粪道（成母牛、青年牛舍）或大通铺（育成断奶牛舍），卧栏两端与栏外设自动饮水槽。舍内卧栏为对头双排卧栏设计，成母牛卧栏单个尺寸长2.7米、宽1.1米，青年牛卧栏单个尺寸长2.6米、宽1米，所有卧栏牛舍每50个卧栏为一段，每段之间留有5米宽通道便于牛通过；大通铺牛舍按18米一栏进行分隔。哺乳犊牛采用犊牛笼饲养，犊牛笼为独立笼舍，其尺寸为长1.5米、宽1.1米、高1.7米，犊牛笼四周用4厘米×4厘米方管焊接，顶上为彩钢瓦，笼底铺设塑料漏粪板，并架设于离地面20厘米的高床上，能保持犊牛生活环境干燥，便于日常清洁。奶厅分为待挤区、挤奶区、制冷清洗区、机房及储奶装奶区等区域。饲草料区分为精料库房、干草库房与青贮窖，用于牛场草料储存。

泌乳牛舍

后备牛舍

犊牛笼

## （二）养殖场设施设备情况及生产技术模式

### 1. 养殖设施设备情况

配备约翰迪尔收割机 2 台，生产能力达 2000 吨 / 天，确保全株青贮玉米的籽实破碎度达到 98% 以上；配备 OptiLacs 配方系统、21 立方米和 14 立方米牵引式 TMR 搅拌车各 1 台、铲车 3 台、精准饲喂系统 1 套及相关设施设备；智能控制风扇等设施为奶牛提供舒适的环境。配备有利拉伐（DELAVAL）2×24 并列式挤奶机 1 套、挤奶机自动清洗系统 1 套、速冷系统 2 套、30 吨容量的奶仓 1 个、6 吨容量奶罐 1 个、3 吨奶罐 1 个，奶仓自动清洗系统，奶仓及输奶管道实现全自动化清洗，在确保挤奶效率的同时，能有效保障牛奶质量安全。配套 5 立方米清粪车 1 台、干湿分离机 1 台、翻抛机 1 台，粪污贮存池 6000 立方米、氧化塘 1.5 万立方米，发酵棚及有机肥加工棚 1.4 万立方米，实现粪污合理处理和有效利用。公司大门口设置车辆消毒架和人员消毒通道，生产区门口设立人员消毒通道，配备专用的消毒设备，满足对外来车辆、人员及日常清洁消毒防疫需求。设有独立的兽医室，配备冰箱 2 台、高压灭菌锅 1 台、恒温培养箱 1 台、离心机 1 台、显微镜 1 台，满足日常诊疗、采样、血清分离、细菌培养和消毒等工作需要。建有病死动物、流产胎儿、胎衣、排泄物等暂存间及冰柜等冷藏设备，并与病死畜禽无害化处理公司签订病死动物及其产物的无害化处理合同，确保病死动物及其产物能够按照要求进行无害化处理。

### 2. 生产技术模式

（1）青贮饲料收贮加工技术。公司通过土地流转整合形成相对较大的种植地块，充分应用自产的发酵牛粪及沼液，推行种养结合绿色发展，采用统一的标准化耕种方式来控制玉米在种植过程中的质量。按节令及时采收，利用先进的收割机，实现全株青贮玉米的籽实破碎度达到98%以上，切割均匀长度适宜，确保青贮饲料质量更好。2022年，公司荣获"云南省青贮饲料质量评鉴大赛金奖"。通过最大限度将粗饲料来源"本地化"，不但生产出高质量饲料，还达到"节本增效"的目的，同时拓宽联农带农机制带动当地群众共同发展。

**青贮饲料收贮**

（2）精准饲喂技术。采用CNS近红外技术检测饲料营养成分，利用奥博特（OptiLac）配方系统制定科学合理的饲料配方，实现在最低饲养成本的基础上满足奶牛营养需要；运用腰鼓式混合机，结合TMR搅拌车，通过对添加剂等小原料的分级预混，既达到TMR日粮混合的均匀度，同时也省去精料加工设备和加工人员；运用TMR搅拌车、铲车等机械设施，结合精准饲喂系统，做到了高效、精准加料和精准投料，既实现牛群精准饲喂，又节省了大量人工，4名员工即可完成存栏奶牛3000头牧场的牛群饲喂。

饲草料加工设备

（3）高效饲养管理技术。采用"一牧云"奶牛管理系统、"辉途"智能控制系统、帝波罗挤奶系统及双福科技数字化管理系统等先进的数字化管理工具，在奶牛饲喂、健康监测、挤奶、牛群管理、环境控制等关键环节实现智能化和信息化管理，提升牛群生产管理效率，为生产和科研提供精准的数字信息支持。

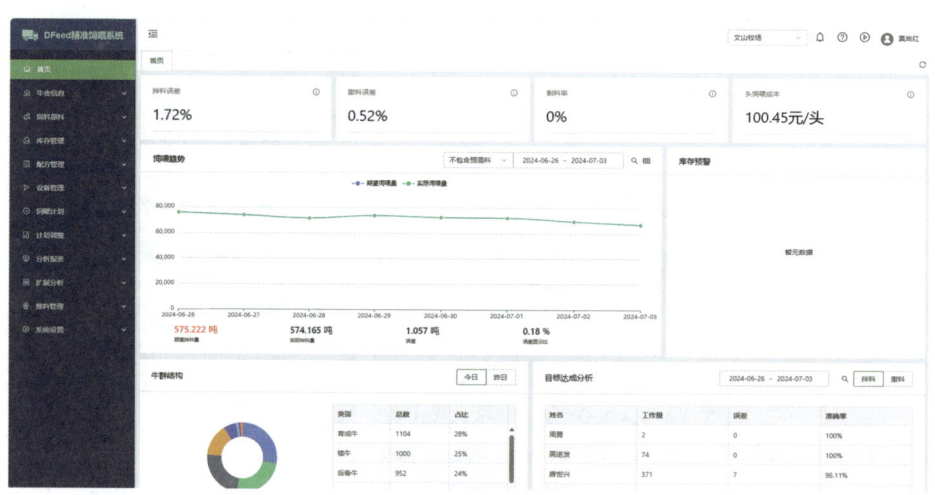

"一牧云"精准饲喂系统

## 第二部分　畜禽标准化规模养殖典型案例

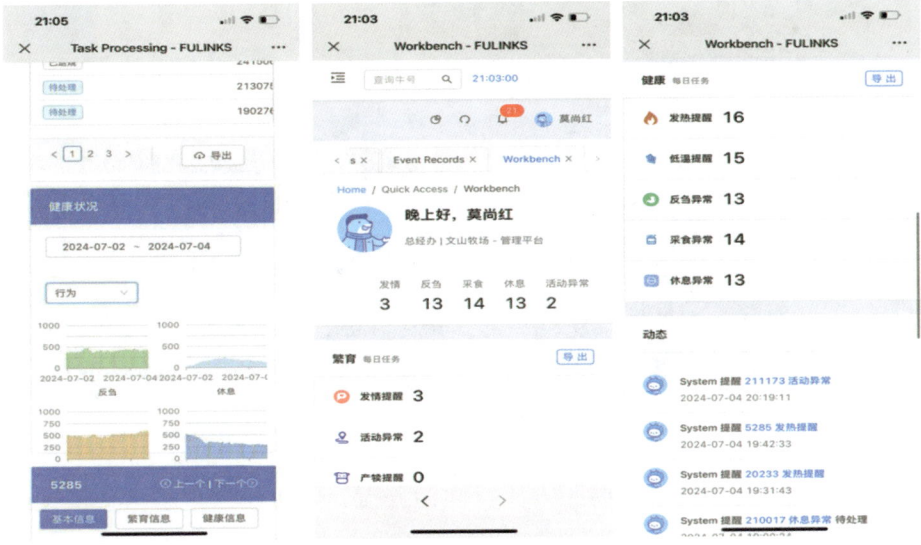

健康管理与发情监测

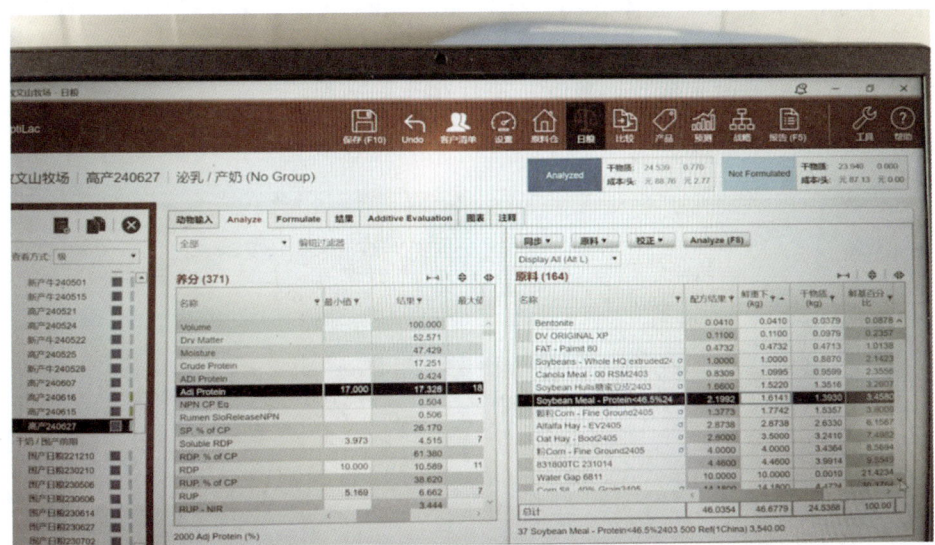

精准营养配方系统

（4）高效挤奶技术。引进先进的利拉伐（DELAVAL）2×24并列式挤奶机，结合牛奶速冷设备和自动化清洗设备，采用国际挤奶操作标准，实现高效挤奶的同时，确保牛奶卫生及牛只乳房健康。

利拉伐 2×24 并列式挤奶机（每小时可挤 200 头奶牛左右）

（5）粪污处理技术。场区内实行雨污分流，雨水通过排水沟直接排放，污水则被收集到污水收集池。牛粪采用吸粪车进行干清粪，然后运送至牛粪贮存池进行堆肥发酵，最后制成有机肥销售，处理后的粪肥中有害残留物经检测符合相关要求。液体粪污年生产量为 1.85 万立方米，经沉淀、沼气厌氧发酵后收集至沼液池，再通过管道输送到田间，采用大功率污水泵进行输送，田间采用喷灌系统进行灌溉，主要用于种植青贮玉米，积极构建种养循环体系。

粪污处理设施设备

（6）疫病防控及生物防控技术。设有专业兽医室，配备冰箱、灭菌锅、恒温培养箱、离心机、显微镜等诊疗和消毒器械。利用DHI、CMT检查、智能耳标监测奶牛的健康状况，确保及时发现和处理疾病。建有废弃物、病死畜暂存间，并与无害化处理公司签订无害化处理合同，确保病死动物及其产物的无害化处理。建立规范的免疫程序，严格按程序做好强制免疫及自免疫病种预防注射；进出场区的人员及车辆进行消毒和登记；严格执行病死畜及污染物无害化处理、环境消毒等，确保了牧场生物安全。

 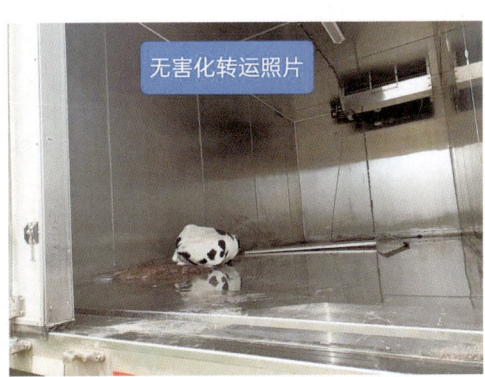

**无害化处理设施设备**

（7）健康保障措施。智能化牛舍环境控制，针对奶牛最适宜温度（−5～20℃），以及其耐寒不耐热的特性，公司在牛舍环境控制方面着重实施防暑降温措施，在牛舍中安装智能风机，通过智能控制系统自动调节启停，确保当温度超过20℃时能及时启动风机开始降温，避免奶牛热应激，维护其健康和生产性能。在饮水与采食方面，牛舍配备充足数量的自动饮水槽，每日进行清洗消毒，同时定期清理采食槽，确保奶牛饮水清洁、食物新鲜。使用干燥新鲜的锯末利用撒料车铺设卧床，定期平整维护，为牛群提供舒适的休息环境。在赶牛通道、待挤厅及挤奶区均铺设柔软的橡胶垫，提高奶牛行走舒适性。在待挤区和挤奶区安

**自动上水饮水槽**     **智能风扇**

装喷淋系统与风扇，创造舒适的挤奶环境，确保奶牛在挤奶过程中感到凉爽舒适。

## 三、取得的成效

### （一）节约资源方面

饲草资源利用方面，一是借助于精准营养与精准饲喂，使配方更加优化，减少或停用配方中的进口原料（如苜蓿、豆粕等），分别用燕麦草、青贮和玉米粉、菜粕和非蛋白氮等替代。二是饲料来源本地化，通过自己种植和就地收购农民种植的全株青贮玉米，收获较高品质饲料（所生产全株青贮玉米获"云南省青贮饲料质量评鉴大赛金奖"），同时带动了当地农民增收。既降低了饲料成本，又减少了对进口原料的依赖。

水资源利用方面，牧场采用的清粪模式，省去了牛粪干湿分离的工序，大大减少了对水资源的利用，同时还减轻了环保处理的压力。

### （二）提高效率方面

（1）劳动效率提高。公司按照现代化、标准化、集约化、绿色化等要求，合理布局，建设场区，设施化水平高，各项生产操作的劳动效率得到了大大的提升，公司在2023年存栏2917头的规模下，全场员工43人，人牛比达到了1∶68，在国内规模牧场中均处于超高水平。

（2）生产高效。2023年，牧场存栏奶牛2917头，其中成母牛1032头，后备牛1885头。年产奶1.131万吨，成母牛年产奶量12115kg，处于国内先进水平。

（3）产品优质。经检测，牧场生鲜乳全年平均体细胞数9.59万个/毫升，菌落数0.23万CFU/毫升，达到国际先进水平。

### （三）绿色发展

粪污实现资源化利用，促进农业产业绿色生态循环发展，并通过销售有机肥和推行种植与养殖结合产生了巨大的经济效益，年可销售发酵牛粪2万吨，按每吨360元计，销售收入720万元。年种植青贮玉米7000亩，产出优质青贮2万余吨，促进云南地区粗饲料供应本土化。

## 四、适合的养殖规模和区域

该标准化饲养模式适用于西南地区，养殖规模为3000头的奶牛场。

## 数智技术助力肉牛高效养殖

——湖北庚源惠科技有限责任公司

**导言**：湖北庚源惠科技有限责任公司以优质肉牛种源繁育推广为核心，系统整合标准化饲料加工配制技术、智能精准饲喂技术、生产性能测定体系及配套技术方案、智能化牛舍环境调控技术以及微生物发酵床生态养殖技术，通过多维技术协同创新构建现代化肉牛高效健康养殖综合体系。

### 一、企业基本情况

#### （一）企业简述

湖北庚源惠科技有限责任公司系湖北省畜禽育种中心全额投资，于2020年5月注册成立，注册资本1325.2万元。公司位于仙桃市国营畜禽良种场，占地面积888亩，建有种公牛、种母牛、育成牛和后备牛四个养殖区，配套建设有饲料生产中心、综合管理中心、数据运营中心、生产性能测定中心、采精大厅、实验室、兽医室和配种室等8个配套服务区。现有工作人员33人（高级职称4名），其中硕士学历6人。公司现存栏种牛900余头，其中能繁母牛核心群400头（夏洛来牛和西门塔尔牛），采精种公牛8个品种（夏洛来牛、西门塔尔牛、华西牛、安格斯牛、娟姗牛、尼里-拉菲水牛、摩拉水牛、地中海水牛）61头。

2023年，公司培育推广优质种公牛30余头、生产优质冻精30余万剂、优质胚胎500枚、种母牛150余头、育肥牛200余头。公司荣获省级"牛布病净化场"称号，成为首批"湖北省家畜种业技术创新中心"成员单位、"中国农村专业技术学会农业科技小院""国家高新技术企业"，是全国唯一的国家级夏洛来牛核心育种场。公司培育的种牛畅销湖南、河南、内蒙古、北京等省（自治区、直辖市）。2024年7月选送的种牛参加全国第5届种牛拍卖会，斩获"金牛奖"。

## （二）场区平面设计

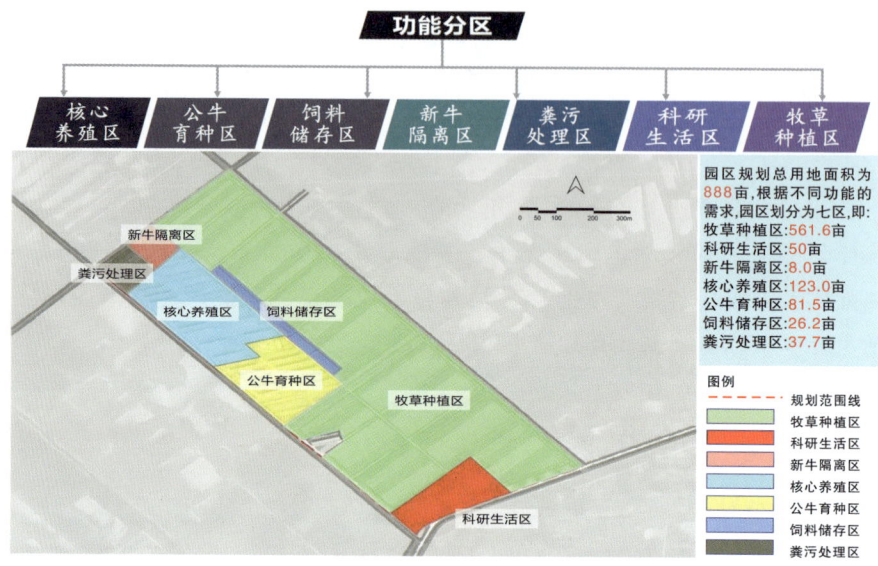

场区平面设计示意图

## 二、主要做法

### （一）养殖建筑情况或特点

公司建筑工艺体现了科学规划、环保节能和人性化设计的理念。场区注重科学规划与布局，确保养殖区域、生活区域、办公区域等功能区划分明确。根据肉牛的生长阶段和品种特点进行合理分区，便于饲养管理和疾病防控。采用环保材料建造牛舍，减少对环境的影响。同时，利用风能等可再生能源进行供暖、照明等，降低养殖成本。设置合理的运动场地和遮阳设施等，为肉牛提供舒适的休息环境。

场区分布图

生产区设计图

牛舍的设计是床场一体化模式成功实施的基础。舍长60～120米，宽26～34米。轻钢结构，主体跨度16～20米，彩钢板聚氨酯隔热复合板屋面，两侧用玻璃钢瓦将屋面各延伸5～6米。钟楼式屋顶，檐高3.5米；立面为半开放式，四周建80厘米高的挡粪墙，安装栏杆。舍内为双列对头式，中央为饲喂通道，两边依次为料槽、牛栏。牛栏用活动式栏杆隔成若干小栏，育肥前期每小栏60～80平方米，育肥后期每小栏90～120平方米。水泥地面，地坪高于舍外20厘米。牛舍两端设4米宽机械出入口，安装活动挡板和栏杆。栏外设饮水池。

**圈舍设计图**

## （二）养殖设施设备情况及生产技术模式

### 1. 养殖设施设备情况

公司配有饲料加工车间1个，用于加工各种饲料原料；粉碎机1辆，可将玉米及豆粕等原料粉碎；搅拌机1辆，用于混合各种饲料成分；精准饲喂系统1套，可实现定时定量饲喂；移动式TMR搅拌车2台，可将各种饲料原料均匀混合后直接投放到牛槽中；自动取料机2台、铲车2辆；超声波测定仪1台，用于测定背膘和眼肌面积；体重测定设备1套，用于测定体重；体尺测量工具1套，用于测量体尺；"新牛人"生产性能测定软件系统1个，可精确测定肉牛的各项生产性能指标；每栋配备风机和喷雾设备各8套，可调节牛舍温度及湿度；智能化的照明设备若干、每栋栏安装半自动颈枷100个；深翻深松机械1台，可用于场区土地整理；饮水设施若干，可为肉牛提供清洁、充足的饮用水。隔离舍1栋、消毒通道2个、消毒池1个；围栏、防鼠网、防鸟网若干，可有效隔离和消灭病原体，防止疾病传播。

### 2. 生产技术模式

（1）饲料配制技术。建设肉牛专属"中央厨房"，即将麦麸、糖蜜、DDGS（玉米酒糟）、玉米压片、青贮饲料、稻草、苜蓿草等饲料集中采购存储，配制秸秆型全混合颗粒饲料，配方中秸秆用量达40%～70%。用酶活单位为5000 U/毫升的全细胞酶制剂处理秸秆，处理后的秸秆蛋白含量增加17%，功能性寡糖含量提高24%。根据犊牛、母牛、架子牛、育肥牛等不同牛群的营养需要科学配比,使肉牛吃的每口饲料都符合生产需要,确保营养均衡。

(2)精准饲喂技术。通过采用"精准饲喂系统+移动式TMR搅拌车"实现管理规范化,实时进行数据记录预警,规避人为因素影响,确保饲喂配方的一致性。管理数字化,精确记录饲料原料用量,提高公司管理效率;信息实时化,清除信息传递壁垒,及时调整配方和饲料原料用量;档案电子化,方便储存和查看。监测标准化,在TMR搅拌车和自动取料机、铲车的配合下,制作出的饲料长度适中、松软可口,不仅达到"牛回料到"的生产要求,也提高了肉牛的采食量和消化率。

青贮压窖

移动式TMR饲喂

(3)生产性能测定及配套技术。构建了软硬件全方位生产性能测定体系。硬件包括超声波测定仪、体重测定设备、体尺测量工具,分别用于评估育肥成效、追踪生长发育、展现体型特征。软件引入"新牛人"系统,整合硬件数据,分析牛只生长、繁殖等多维度信息。此外,公司将数据上报至国家肉牛遗传评估中心,运用遗传学方法科学评估牛只遗传潜力与生产性能,精准预测后代表现,为种牛选择与配种策略提供科学指引,优化育种与饲养管理。

体尺测定

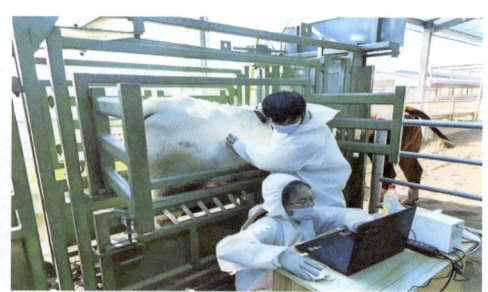

背膘厚和眼肌面积测定

## 第二部分　畜禽标准化规模养殖典型案例

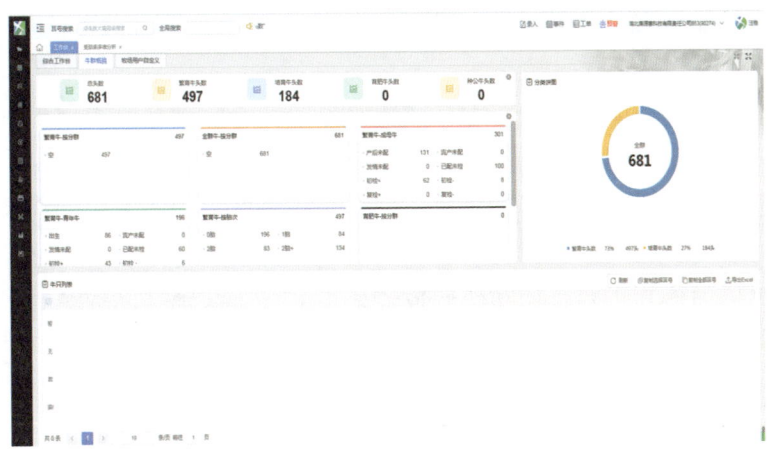

新牛人软件系统

（4）舍内环境控制技术。采用床场一体化设计，创新地将牛的卧床与运动空间融为一体，关注空气流通、温度控制及湿度平衡等环境因素，减少了疾病的发生与传播。引入风机与喷雾通风降温系统，适时调节温度，减轻了热应激。牛舍配备智能化照明设备，按需调节亮度和光色，保障了充足且适宜的光照。

喷淋系统

（5）发酵床生态养殖技术。采用肉牛发酵床生态养殖技术，以微生物发酵为核心，利用锯末、稻壳等干燥原料与有益菌种混合铺垫牛舍。该技术通过微生物分解粪尿，产生热量和有机肥，有效去除污染物，降低牛群发病率，提升肉牛品质。

发酵床

（6）健康保障措施。牛舍每隔5米设置风机与喷淋设备，超35℃自动启动并适时加冰块降温。每月对发酵床进行深耕旋耕，保持松软舒适，降低蹄病率。饲料加工储存区域精心设计，确保安全卫生，防止霉变污染。牛舍周边设清洁充足的饮水设施，减少水源性疾病。这些措施共同保障肉牛健康，提升养殖效率。

（7）生物安全防控措施。在牛场边缘设隔离舍，单独隔离新引进或疑似患病牛只，防止疾病蔓延。消毒通道与消毒池设于场区及牛舍入口，对进出人员、车辆及物资等进行严格消毒。围栏环抱场区，阻止野生动物及无关人员闯入，降低疾病传播风险。同时，安装防鼠网、防鸟网等精细化设施，防范害虫侵扰饲料和牛只，切断疾病传播渠道。这些设施共同构筑起多层次的防护体系，确保牛群健康，维护场区安全。

## 三、取得的成效

### （一）节约资源方面

采用自动喂料车，提高饲喂效率，减少人工操作误差，确保饲料供给的准确性和及时性。优化饲料配方，通过营养学研究和试验，制定科学合理的饲料配方，提高饲料的转化率和利用率，减少不必要的营养流失，节约公司成本 20 余万元。在养殖场主道路两旁每 500 米安装一台风力发电机，为养殖场提供清洁、可再生的电力供应，每年可节约公司电费 10 余万元。在养殖场内广泛使用节水型器具，如节水型水龙头、节水型冲洗设备等，减少水资源的浪费。

### （二）提高效率方面

通过引进夏洛来牛与西门塔尔牛，构建了涵盖种牛筛选、繁殖监控、后代评价等全链条的良种繁育体系。该体系确保了优质肉牛遗传特性的稳定传递，使场内良种覆盖率高达 95%，后代遗传增益提升 10%。据粗略统计，养殖户采用本场培育种公牛的冻精，生出的犊牛生长速度快、饲料转化率高，整体养殖效率与经济效益分别增长约 20% 和 30%。牛舍安装的智能监控预警系统通过摄像头、红外传感器等设备，实时监测肉牛生长环境，有效降低了疾病发生率（20%）与养殖损失（15%）。在繁殖技术上，公司运用人工授精、胚胎移植等现代手段，使母牛受胎率显著提升 15%～20%。运用现代生物技术进行遗传评估，筛选出具有优良繁殖性能的种牛进行繁殖，母牛的繁殖效率从 60% 跃升至 80% 以上。发酵床生态养殖技术使管理成本下降 20%，每头牛增收节支 600 元，牧草增产 15%，每亩增收 150 元。公司通过自动化与智能化转型，人力成本降低了 20%～30%，员工专注度提升，整体生产效能与经济效益显著增强。

## (三)绿色发展方面

牛舍采用现代化、生态化的设计,注重通风、采光和温湿度控制,加强牛舍周围绿化,种植树木和草皮,提高空气质量,减少环境污染;注重节能减排,采用节能型设备,如LED照明、节能型风机等,减少能源消耗。积极利用风能等绿色能源,为公司提供清洁、可再生的电力供应,降低碳排放。通过建立健全的防疫体系,制定科学的免疫程序和消毒制度,定期对牛群进行疫苗接种和疾病监测,确保牛群健康。同时,加强外来人员和车辆的管控,防止疾病传入。

## 四、适合的养殖规模和区域

该养殖设施设备及生产技术模式适合气候适宜、资源丰富、交通便利且有政策支持的地区,适用于年存栏量在1000头以上的养殖场。

# 万头肉牛养殖全产业链发展生产

## ——定西顺优农牧业发展有限责任公司

导言:定西顺优农牧业发展有限责任公司通过全混合日粮精准配制技术与生物有机肥标准化生产系统的集成应用,显著降低肉牛养殖饲草料成本,有效改善养殖场周边生态环境;同步构建"专业化繁育—集中化屠宰—品牌化营销"三链融合产业模式,成功延伸产业链条,提升牧场综合收益,为西北旱作农区探索种养结合、生态循环的农牧产业化发展路径提供参考。

## 一、企业基本情况

### (一)企业简介

定西顺优农牧业发展有限责任公司为2021年招商引资企业,是新疆昌吉宝利商贸公司的子公司,成立于2021年4月,注册资本1000万元。位于甘肃省定西市安定区香泉镇香泉村,是一家集肉牛良繁、育肥、有机肥生产、屠宰加工于一体的现代化养殖企业,拥有管理人员、高级技术人员等30人。

公司累计完成投资3亿元,建成标准化肉牛养殖基地1处和屠宰加工物流基地1处。公司现存栏肉牛2350头,其中基础母牛960头。公司自成立以来,积极推行"龙头企业+合作社+农户"运营模式,采取土地流转、订单收购、务工就业、收益分红等形式建立联农带农机制，累计带动农户274户。按照"产权到村、主体经营、保底收益"的方式，带动壮大香泉镇香泉村、东寨村、西寨村、后湾村4个行政村集体经济，每年兑付分红资金37万元。

### （二）场区平面设计

肉牛养殖基地

屠宰加工物流基地

## 二、主要做法

### （一）养殖建筑情况

公司占地300亩，按照"四区"分离原则，科学规划厂区布局，生活行政管理区、肉牛生产区、草料加工区、粪污处理区划分明确，互不干扰。生活管理区包含门卫值班室、综合楼（办公室、宿舍、门房、更衣消毒室等）、配电室等；肉牛生产区包括繁育舍、育肥舍、运动场等；草料加工区包含干草棚、青贮池、精料库、机械库等；粪污处理区包含原料区、加工腐熟区、成品包装区，配套翻抛机、粉碎机、包装机等。

养殖办公区

西门塔尔肉牛养殖

## 第二部分 畜禽标准化规模养殖典型案例

安格斯肉牛养殖

干草棚

全株青贮玉米青贮池

有机肥加工车间

### （二）屠宰加工冷链物流基地

基地占地41亩，公司引进现代化先进技术及设备，建成集屠宰、加工、储藏、销售于一体的大型屠宰—加工—仓储物流基地。办公区包含业务用房、围墙、大门、门房、锅炉等配套设施；屠宰加工区包含屠宰分割车间、冷藏库、冷冻排酸库，配套排酸制冷、冷链物流设备等；无害化及污水处理区配有三级沉淀池，配套除臭、无害化等设备。

屠宰加工办公楼

加工仓储车间

**屠宰排酸车间**

## （三）养殖设施设备情况及生产技术模式

### 1. 养殖设施设备情况

（1）标准化养殖区。圈舍设计采用坐北朝南朝向，开放式设计，养殖区包括休息区、采食区、饮水区和活动区，圈舍朝向以及开放式设计有利于采光通风和肉牛自由活动，配套饮水设备、饲料槽，保证牛只随时饮水，方便采食。

（2）饲料加工区。公司配有揉丝机1台、卧式32立方米搅拌罐1台、移动式TMR搅拌车1辆、三轮投料机3辆、自动取料机1台、铲车3辆。机械化作业大幅度缩减饲草料加工、投喂时间，减少对人工的依赖。

（3）粪污处理区。建设有机肥生产车间1座1000平方米、发酵车间1座1000平方米、原料贮存车间1座900平方米、成品库1座520平方米、三级沉淀池1座200立方米，配套有机肥生产、尾菜+畜禽粪便生产处理设备等，促进了种植、畜牧养殖、粪肥还田的有机结合。

### 2. 生产技术模式

（1）全混合日粮配制技术。精饲料：与饲料企业建立长期合作，采购优质精料补充料；粗饲料：收购区内优质燕麦草、苜蓿草及小麦秸秆等农副产品，通过"粮改饲"政策支持，规模化收贮全株青贮玉米。科学配制日粮：根据犊牛、母牛、架子牛、育肥牛等不同牛群营养需要，建立分阶段精准营养方案。

（2）生物有机肥生产技术。将肉牛养殖产生的粪污、辖区内农业种植户废弃的作物秸秆、尾菜等农业有机废弃资源为原料，利用微生物发酵，生产有机肥，年可处理畜禽粪便1.5万吨以上、尾菜5000吨以上，生产有机肥1万吨以上。有机肥的生产有效提高了场区粪污处理能力，解决了周边畜禽养殖粪便、尾菜以及秸秆等随意堆放造成环境污染问题。

有机肥加工

有机肥包装

### （四）屠宰加工及冷链物流情况及生产技术模式

**1. 屠宰加工设施设备情况**

公司建有牛肉加工生产线1条，加工能力达2.5万吨，配套屠宰分割车间6000平方米、冷藏及速冻库3400平方米、冷链运输设备5台（套）等。

**2. "专业化生产—集中屠宰—市场销售"一体化发展模式**

公司积极构建集"育肥生产、订单收购、集中屠宰、产品直销"于一体的产业化经营模式，通过收购、育肥、集中屠宰，开展肉类精细分割以及多元产品的开发，生产具有定西特色的精品冷鲜肉，并积极与辖区内超市、农贸市场、火锅店等签订供货合同，从牧场到餐桌的全产业链条不断延伸，形成区域化养殖、专业化生产、现代化加工、一体化经营的发展新格局。公司注册"天山牛魔王"牛肉品牌1个，开发牛排、牛肉卷、上脑等产品15种。在兰州、四川、西安等地开设牛肉产品直营门店3家，对接大型农贸市场销售门店10余家，年屠宰加工牛羊肉0.8万吨以上，冷鲜配送0.4万吨以上。

精细分割车间

| 眼肉 | 牛排 | 肉卷 | |
|---|---|---|---|
| 多元产品 | | | 销售门店 |

## 三、取得的成效

### （一）草畜转化方面

定西市安定区养殖产业历史悠久，群众有养牛的传统和习惯，以西门塔尔牛为代表的草食畜产业发展基础较好，肉牛养殖已形成自己的产业优势和产品特色。公司依托区内资源禀赋和较好的养殖基础，积极推行饲草订单收购，充分利用区内丰富的全株青贮玉米、麦草秸秆、胡麻粕等饲草饲料资源，促进肉牛标准化、规模化发展。饲草料的充分利用，不仅实现了肉牛的健康养殖、饲料的高效利用，而且减少区内作物秸秆浪费，促进了饲草料的就近就地转化。按照年出栏肉牛3000头计算，每年利用全株青贮玉米、苜蓿、燕麦等粗饲料1.5万吨以上，带动种植饲草5000亩以上。

### （二）提高效率方面

公司规模化养殖采用机械化饲喂，通过精准控制饲料的投放量和投放时间，确保每一头肉牛都能获得相应的营养需要，相比传统的人工饲喂方式，避免了饲料浪费，同时也避免了肉牛因为过度饲喂或饲喂不足而影响健康和生长速度。同时机械化饲喂大大提高了劳动生产率，提高了饲养效率，降低了养殖成本。按照每头肉牛每天节约饲草料费用2.4元计算，年出栏3000头肉牛，每年节约资金262.8万元。

### （三）绿色发展方面

公司结合辖区内资源禀赋和产业发展现状，积极发展"肉牛养殖、有机肥生产、高原夏菜种植"立体循环农业，肉牛养殖产生的粪污经加工处理后形成有机肥，反哺种植业以及作为特色种养殖的基料，实现种养的有效循环及无缝链接，实现零排放，达到同时提供绿色水果蔬菜农产品以及牧草、肉、蛋优质动物性产品的目的。养殖粪污有机肥加工及就近就地的利用，不仅实现了粪污的资源化利用，也改善了土壤结构、形状和肥力，使自然界和人、动植物以及微生物处于一个共生和谐的良性生态环境，促进了生态的良性循环。公司年加工生产有机肥 5000 吨以上，配套蔬菜种植面积 1 万亩以上，新增销售收入 200 万元以上。

### （四）联农带农方面

一是用地联农。通过万头肉牛标准化养殖基地建设，公司流转香泉镇香泉村土地 300 亩，每亩 850 元，带动农户 30 户，户均可获得土地流转费 8500 元。二是收草联农。为满足肉牛养殖的饲草需求，依托"粮改饲"示范，公司每年收购全株玉米 1 万吨以上，带动饲草种植户 100 余户，支付草款 300 万元以上，户均可获得收益 3 万元。三是务工带农。按照就近、方便、灵活的原则，公司积极吸纳当地闲散劳动力 20 余人在企务工，人均月工资 5000 元左右。四是分红联农。2021 年以来，累计投入财政衔接资金 850 万元，按照"产权到村、主体经营、保底收益"的原则，带动村集体经济发展壮大，形成经营性资产 850 万元，已全部确权登记到香泉镇香泉村、东寨村、西寨村、后湾村 4 个行政村股份经济合作社，公司每年兑付分红资金 37 万元。

## 四、适合的养殖规模和区域

该模式适合西北寒旱地区，规模在 2000 头左右的肉牛养殖场。

## 以用促保夷陵牛　链式发展强产业

——湖北丰联佳沃农业开发有限公司

导言：湖北丰联佳沃农业开发有限公司创新实施夷陵牛"以用促保"保育模式，通过集成应用 TMR 饲喂技术、床场一体化养殖技术以及疫病防控健康管理技术体系，实现饲料转化率提升 8%，发病率降低 20%，为地方肉牛品种保护利用提供借鉴。

## 一、企业基本情况

### （一）企业简述

湖北丰联佳沃农业开发有限公司是一家以肉牛养殖为主的综合性现代农业开发企业，于2014年3月注册成立，注册资本1000万元，位于湖北省枝江市向巷村二组。公司现有员工108人，其中高级职称2人、中级职称2人，一般技术工作人员8人。公司累计投资1.2亿元，打造1500亩养殖及产品加工基地，是宜昌区域最大的肉牛养殖综合企业，现存栏肉牛1200头，其中本土夷陵牛500余头，牛肉产品加工车间产能达500吨。公司还在枝江、宜昌、武汉建立牛肉主题餐饮店和牛肉面馆等，形成了一二三产业融合发展的全新模式，成为宜昌市农业产业化经营的典范。2023年公司出栏肉牛1176头，牛肉产品销售30余吨，总产值达7100多万元。公司是国家级畜禽养殖标准化示范场、国家级牛布鲁氏菌病（非免疫）净化场、国家级生态农场，是湖北省农业产业化重点龙头企业，第一批省级畜禽遗传资源保护单位，粤港澳大湾区"菜篮子"供应基地。

### （二）场区平面设计

场区平面布局图

## 二、主要做法

### （一）养殖建筑情况

养殖场进行合理规划和功能布局，主要建设有1个标准化核心肉牛养殖区，占地400亩，包含7栋标准化牛舍；1个省级夷陵牛核心保种场，占地200亩，包含种公牛舍、基础母牛舍、后备母牛舍、

场区航拍图

育成牛舍共4栋；1个饲料加工车间，包含仓库和青贮池；1个肉牛屠宰分割车间，包含冷冻排酸库；1个牛肉产品精深加工车间；1个牛肉主题餐厅；以及消毒室、兽医室、办公室、生活用房等。

公司采用圈内散养，配套圈外运动场。牛舍为东西走向，南北通透，长70米左右，宽30米左右，层高5米以上，轻钢结构，屋面铺设彩钢板和透明采光瓦，立面为半开放式，保证牛舍通风和采光。圈内控制养殖密度，中间为饲喂通道，两侧牛栏用活动式栏杆隔成小栏，每头牛的活动面积12～15平方米。发酵床垫床为水泥地面，四周建设挡粪墙。牛舍外侧配备水槽，保证牲畜饮水。

### （二）养殖设施设备情况及生产技术模式

#### 1. 养殖设施设备情况

公司建有饲料加工车间1个，设置1条精饲料生产线，包含饲料仓、待粉碎仓、成品仓、粉碎机、配料仓、斗提机、输送设备等，同时配置12立方米固定式TMR搅拌设备1台、挖机1辆、铲车2辆、撒料车2辆，满足千余头牛的饲喂需求。每栋牛舍配备1套饲料转化率测定设备，可精确监测牛只生长发育情况；同

精饲料生产线

时配备风机、牛体刷、牛颈枷、温湿度计、喷雾消毒车等，可调节牛舍温湿度，营造舒适养殖环境。建有消毒通道2个、消毒池2个、消毒室2间，配备2套消毒喷雾设备，提高生物安全防控水平，有效防止疫病传播。

TMR搅拌机

饲料转化率测定设备

### 2. 生产技术模式

（1）夷陵牛"以用促保"模式。"夷陵牛"为三峡地区独有，具有耐热、耐劳、耐粗饲料和抗病力强的特点。公司围绕夷陵牛品种保种与开发利用，先后与国家肉牛牦牛产业技术体系、中国农业大学、华中农业大学、湖北省农业科学院等科研机构开展技术合作，成功培育出A4级雪花牛肉，开发了牛肉干、牛肉酱、牛肉火锅三大类15个单品，打造了牧旅融合的牛郎山特色小镇。2018年1月，夷陵牛正式被认定为地方畜禽遗传资源新品种。2020年12月，夷陵牛雪花牛肉在首届"中国牛·优质牛肉品鉴大会"荣获最具特色奖、最具效益奖。2021年，"夷陵牛"及夷陵牛培育的"夷陵牛雪花牛肉"成功注册地理标志产品，CCTV-1综合频道播放的《种子 种子》纪录片专题推介枝江"夷陵牛"保种、培育和开发利用等成功经验。2023年，中国肉牛产业发展大会在枝江召开，夷陵牛产业发展模式面向全国推介。2024年，公司与枝江市政府及村集体投资3000万元共建夷陵牛产业研究院，并于2025年1月挂牌运营，为产学研合作提供长期机制保障。

夷陵牛

牛肉精深加工系列产品

（2）TMR饲喂技术。公司自建精饲料生产线，实现了对饲料原料精准配比、混合均匀、制料成型等全过程控制，替代外购精饲料，大大提高了生产效率，减少人工干预，降低生产成本。针对夷陵牛可生产雪花牛肉的特点，配备饲料转化率测定设备10套，开展饲料转化率和饲料营养水平测定，对夷陵牛开展性能测定，设计高档牛肉生产全混合日粮配方进行饲喂，有效提升雪花牛肉产出比例。

夷陵牛雪花牛肉

（3）床场一体化养殖技术。在牛舍地面铺设谷壳等混合垫料，垫料中添加活性益生菌，即时发酵分解牛粪尿，大大降低臭味产生，真正达到清洁养殖、粪污零排放的目的。每半年对发酵床进行一次清理，堆积到堆粪棚，对垫料混合物堆肥腐熟后，进行就近就地还田，运送到周边柑橘、蔬菜、水果基地使用。

发酵床

（4）健康保障措施。栏内配备牛体刷，当牛与牛体刷接触时即可转动，通过刷毛的刺激，牛体刷能够促进牛的血液循环，加快新陈代谢，增强免疫系统功能，减少疾病发生，保持牛体的干净。半开放式牛舍，加上风机，有效促进空气流通，减少热应激，有效缓解牛的压力和疲劳感，提高其舒适度，进而

牛体刷

提升养殖效率和牛肉品质。

（5）生物安全防控技术。按照动物防疫的相关要求，实行封闭管理，防疫消毒设施设备齐全。育肥区和保种场场区入口分别配备2个人员更衣消毒室，人员进入场内必须更衣后经消毒室消杀进入。入场主干道建有大型车辆消毒池，通过喷雾和车轮浸泡装置对进入车辆全方位消毒处理。实行程序免疫，定期消毒驱虫，及时监测抗体水平，保证免疫切实有效，确保群体健康和种质资源安全。场区所在地及附近地区近5年未发生重大动物疫病。

人员消毒室　　　　　　　　　　　车辆消毒通道

## 三、取得的成效

### （一）节约资源方面

养殖场选址合理，牛舍通风散热，同时采用床场一体化养殖，无需用水冲洗圈舍，牲畜饮水利用浮球控制自动补水，有效节约了人力、水、电资源，成本显著降低。根据夷陵牛在不同饲养环境、不同生产阶段的营养需要定制精准配方，基于饲料青贮技术及肉牛全混合日粮饲喂技术，有效节约了饲料资源。公司积极参与兽用抗菌药减量化行动，严格饲养管理，坚持预防为主、防重于治的方针，制订科学的防疫方案，扎实做好肉牛疫病净化和突发疫情处置，全面减少兽药等投入品使用量。

### （二）提高效率方面

引入TMR搅拌机、铲车、撒料车等大量机械化生产设备，饲养1200头牛仅需员工8人，大大提高了生产效率，减少了人工干预，降低了生产成本。采用智慧养殖方式，通过电子耳标对牛统一建档，所有的疫苗接种、生长记录、场内调栏等信息都可以随时查询，保证养殖过程透明可控。通过肉牛高效养殖技术研究与示范，饲料转化率提高 8% 以上，母牛繁殖率从原有的 80% 提高到 85%，繁殖成活率达到 88%，夷陵牛出肉率由 26% 提高到 35%，生产的高品质牛肉也受到市场的青睐。

### （三）绿色发展方面

按照清洁生产、秸秆利用的思路，实行草畜配套、可持续发展，积极推行秸秆养畜、"过腹还田"，公司每年在本地收购农作物秸秆 3 万吨用作饲料，不仅提高农作物秸秆饲料化利用率，还可以减少农作物秸秆露天焚烧及废弃造成的环境污染。通过床场一体化肉牛养殖技术，牛舍地面铺设谷壳等混合垫料，在垫料中添加活性益生菌，即时发酵分解牛粪尿，圈舍无异味，降低牛病发生率 20%。垫料尾料腐熟后，运送到周边柑橘、蔬菜、水果基地还田利用，有效解决了养殖粪污污染问题，构建了种养循环、绿色发展格局。

## 四、适合的养殖规模和区域

公司以用促保、链式发展模式适合我国南方地区，存栏规模 1000 头以上的大中型肉牛养殖场、保种场。

# 数智化助力肉牛高效养殖

——安徽欣浩翔食品有限公司

**导言**：安徽欣浩翔食品有限公司通过秸秆综合利用加工中心标准化生产系统、精准营养 TMR 中央厨房系统以及智能化环境控制系统等的协同运作，有效降低饲槽日粮与理论日粮配方差异，牛只采食量提升 10%～20%，牧场能耗费用降低 75%，成功构建"秸秆转化－精准饲喂－低碳运营"的农区肉牛集约化养殖新模式。

## 一、企业基本情况

### （一）企业简述

安徽欣浩翔食品有限公司位于安徽省亳州市利辛县，成立于 2021 年 8 月，是一家围绕现代肉牛全产业链发展布局的综合性企业，主要从事肉牛繁育、养殖、秸秆收储加工、肉牛专用饲料研发及生产、肉牛贸易、有机肥生产、食品加工等全产业链业务。

现已投产5个规模化养殖场，存栏华西牛核心群500余头，存栏西门塔尔肉牛3万头。建有秸秆饲草加工中心、肉牛专用饲料厂、肉牛屠宰厂、牛肉食品深加工及预制菜生产线、有机肥生产加工中心、徽牛云产业数智平台、安徽肉牛现代产业学院、现代肉牛产业发展工程技术研究中心。

2023年以来，公司被评为"模范军创企业""2023年度亳州市'万企兴万村'行动典型项目（企业）""中国畜牧业协会牛业分会理事单位"等。

### （二）场区平面设计

场区平面设计示意图

## 二、主要做法

### （一）数智牧场设计原理及工艺布局

安徽欣浩翔食品有限公司望疃过渡牛场项目占地330亩，场区注重科学规划与布局，养殖区、饲草加工区、日粮加工区、有机肥加工区、办公区、生活区等功能区划分明确，互不干扰。

牛舍的设计是基于牧光结合、设备数智、床场一体化零排放的养殖模式。牛舍东西走向，舍长176米，跨度44.5米。轻

圈舍设计实景图

钢结构，双坡屋面，顶棚为太阳能光伏屋面板，檐高 4.5 米；牛棚内四道矮墙高度 60 厘米，两侧砖墙厚度 24 厘米，中间砖墙厚度 12 厘米。两侧纵墙上部为敞开式，方便牛棚通风散热。舍内为双列对头式，中央为饲喂通道，两边依次为料槽、不锈钢舔砖盒、牛栏，栏内设有 1.5 米高牛体刷。牛舍两端设 4 米宽机械出入口，安装活动栏门，栏内设恒温自由饮水槽。

### （二）数智化设施设备情况及高效生产技术模式

**1. 数智化设施设备情况**

该场配有 TMR 中央厨房 1 个，TMR 日粮加工系统 1 套，TMR 中央厨房物联网智管系统 1 套，日产 600 吨全混合日粮，配备自动撒料车 3 台、夹草机 2 台、铲车 2 台；智慧牧场管理系统 1 套，配套 AI 摄像头若干；每栏配备风机 4 台，每栋舍配备喷雾降温系统 2 套；每栏配备牛体刷 1 个，圈舍覆盖音乐播放设备、节能照明设备若干；每栏配有智能恒温水槽 1 个。另外，建有秸秆资源化利用中心 1 个，粪污资源化利用中心 1 个。

TMR 中央厨房智能饲喂中心配有 2 台固定式 TMR 制备机、2 台刮板链条式输送机、2 套固定式 TMR 制备机除尘装置、1 套精料自动配送系统、1 套液体饲料自动添加系统、1 套牧场 TMR 中央厨房物联网智管系统、1 套低温近红外在线检测设备、2 台 TMR 转运平台、4 辆新能源电动撒料车。

数智化 TMR 中央厨房饲喂中心

**2. 高效生产技术模式**

（1）秸秆综合利用加工中心。本地秸秆资源丰富，以小麦秸秆和稻草为主。秸秆收割后，经打捆收储、除尘揉丝、铡切（2～3 厘米）等工序提升了饲料利用效能，成本由 2023 年的 550 元/吨降至 2024 年的 400 元/吨。

秸秆收储加工

青贮收储制作的全株玉米原料均采自周边农户，依收储到场吨重核算计费。收储半径限于20千米以内，车程不超过40分钟，尽可能减少全株玉米的营养损失，同时降低运费成本。选用合适机械，提升收获效率，选择适宜的发酵添加剂及合理的压窖方式，保证压窖密度在765千克/立方米，最终实现全株青贮玉米的"双30"高标准。

**青贮收储加工**

（2）TMR中央厨房及集中配送中心。通过全自动配料的TMR中央厨房系统制备TMR饲料，做到从纸上配方到肉牛嘴边配方的整个过程的自动制备、自控管理、全程监控，确保肉牛采食到均匀度稳定的饲料。为了保证日粮搅拌均匀度及水分含量，每次TMR制备过程均可通过近红外在线检测系统进行在线实时检测，评估日粮搅拌质量；同时，也通过实验室化学分析测定原料及TMR营养成分，保障了日粮的精准配制。

**TMR中央厨房、精准饲喂撒料车**

（3）TMR中央厨房物联网智管系统。外购牛只度过应激适应期后，根据牛只体重及牛只评分分群，以50 kg体重阶段制定一个日粮配方，提高饲料转化率和日增重。单人独立操作"TMR中央厨房物联网智管系统"控制系统,实现加工、饲喂过程的实时监控以及撒料重量数据的实时回传。结合圈舍饲槽评分标准,对剩料进行称重,准确统计每日实际采食量。根据肉牛的采食速度和实际采食量,调整饲料加工量和投放量,确保牛只自由采食且减少浪费。

实验室检测

TMR中央厨房物联网智管系统

（4）环境控制系统。圈舍配备降温风扇和喷淋降温系统、牛体刷、古典音乐播放设备、智能恒温自由饮水槽。智能环境控制系统通过监控牛舍温度、湿度、通风等参数,夏天利用风扇、喷雾设备调节圈舍温度,冬天通过水槽加温设施保障饮水;定时播放古典音乐,使用牛体刷清洁牛体,创造舒适的生活环境。

牛体刷

（5）智能监控系统。智能监控系统通过智能耳标、AI摄像头可以实时监测牛只活动情况、饮食状态、健康状况,通过手机或电脑远程查看牛舍状态,及时发现牛只的异常行为,及时采取措施。

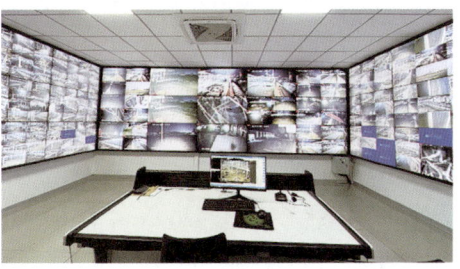

智能监控系统

（6）牛只全生命周期可追溯系统。"徽牛云"拥有线上综合交易平台和线下技术服务团队，通过追溯管理系统进行一牛一码精细化管理，可以实现牛只从入栏到出栏的全过程跟踪和管理。通过给每头牛佩戴电子耳标，可以记录入栏日期、疫苗接种、每日采食、疾病治疗记录、出栏等信息。

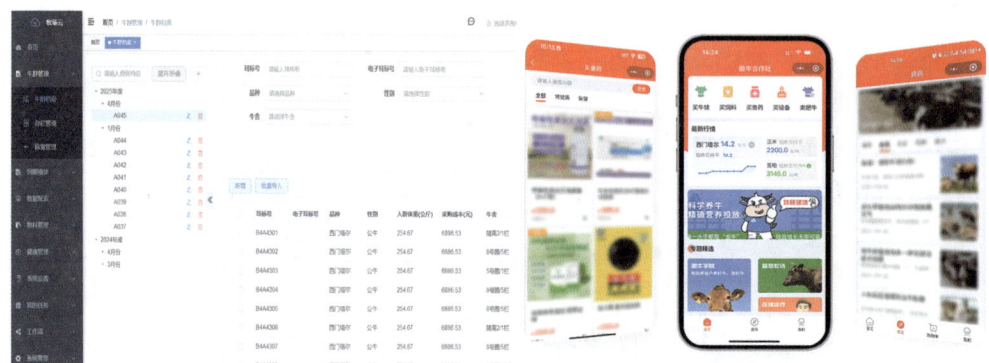

"徽牛云"智慧牧场和徽牛合作社线上平台

（7）疫病预防与管控体系。疫病预防与管控体系包括"养、防、检、治"四个基本环节。场区设防护隔离带、隔离水沟、加密铁丝网，使场区与外界环境有效隔离。设有售牛台，严禁外来车辆进入场内。定期消毒、除臭、驱虫、灭鼠，减少传染病传播。

（8）零排放环保模式。采用发酵床式饲养管理模式，牛粪通过微生物发酵后再次作为垫料，或制作成有机肥对外销售。牛场规划了雨污分流，可用于消防用水或田地浇灌，实现粪污零排放。

## 三、取得的成效

### （一）数智化设备提质降本

#### 1. TMR设备自动配料系统和TMR中央厨房物联网智管系统

通过TMR设备自动配料，可减少日粮制作的人工使用，降低加工后的饲槽日粮与理论日粮配方差异，误差控制在1%以内，同时可使各原料充分混匀，有效提升日粮品质。TMR中央厨房系统可使牧场TMR中精料、添加剂和辅料的损失率从2%降低到0.2%，牧草的损失率从5%降低到1%，青贮的损失率从10%降至2%～3%，饲料损失率、浪费率、人工费用、管理费用、能耗费用和移动机器设备折旧率降低，增加牧场利润。日粮调控技术对碳减排的贡献度可达到70%以上。

## 2. 环境控制系统

夏季降温风扇和喷雾降温系统的启用，有效降低了牛只体感温度，牛只采食量提升 10%～20%，有效降低了高温月份对增重的影响。音乐的播放和牛体刷的使用，提升了牛群舒适度，卧床率提升 10%，躺卧时间延长 1～2 小时。

## 3. 智能监控系统

智能监控系统可协助进行巡栏工作，提升异常牛只识别效率及兽医的工作效率，减少因人为识别不及时而延误病牛治疗，提升治愈率，头均药品成本由 150 元下降至 80 元。

### （二）原料成本管控

通过对秸秆及青贮的收储流程中关键控制技术的把控，降低粗饲料成本（150～300 元/吨）；通过非常规饲料（果胶渣）资源的利用，夏季每天每头饲料成本降低 0.63 元；关注能量、蛋白饲料原料的价格走向，及时微调肉牛精补料配方，管控精补料成本。定期检测原料品质，确保日粮精准配制。

### （三）可持续发展

TMR 中央厨房、饲喂机器人、推料机器人等智能化装备的动力能源均来自电力驱动，采用电机驱动的 TMR 制备系统及输送装置，使用专业配料系统对每次配方饲料进行自动化精准布料、添加、搅拌及卸料，通过大批量少批次搬运及撒料车精准撒料，减少设备搬运的往返次数和行驶距离，减少燃油油耗及废气排放，降低能耗费用可达 75% 以上。粪污集约化处理中心实现了粪污的资源化利用，实现零排放。疫病防控系统及科学的防控措施，有效降低了疫病发生风险，控制了疫病的传播，保障肉牛的健康生长。

## 四、适合的养殖规模和区域

该模式适合华中、华东地区秸秆资源丰富的农区，存栏量在 3000～5000 头的肉牛场。

# 标准化助力奶绵羊提质增效

——甘肃元生农牧科技有限公司

**导言：**甘肃元生农牧科技有限公司建设有奶绵羊中央厨房、养殖管理系统、转盘式挤奶系统、圈舍环境控制系统以及粪污处理系统，通过设施设备的配置和智能平台的构建，奶绵羊场饲草料成本节约20%，用工减少50%。

## 一、企业基本情况

### （一）企业简述

甘肃元生农牧科技有限公司成立于2006年1月，位于甘肃省金昌市永昌县东寨镇红光新村，占地面积5220亩，共有职工314人，其中：大专及本科以上学历110人，是一家以奶绵羊产业为主导的，集绿色种植、饲草加工、生态养殖、乳品加工为一体的综合型农牧企业。截至2023年底，奶绵羊存栏量达到3.7万只，奶绵羊核心育种场已被认定为国家级兽用抗菌药减量化行动示范场和国家级无布鲁氏菌病小区，被农业农村部认定为种养结合国家级生态农场。公司也先后被授予"全国脱贫攻坚先进集体""农业产业化国家级重点龙头企业""国家级高新技术企业"等荣誉称号。

### （二）场区平面设计

场区主要分为奶绵羊养殖区、牧草种植区、饲草加

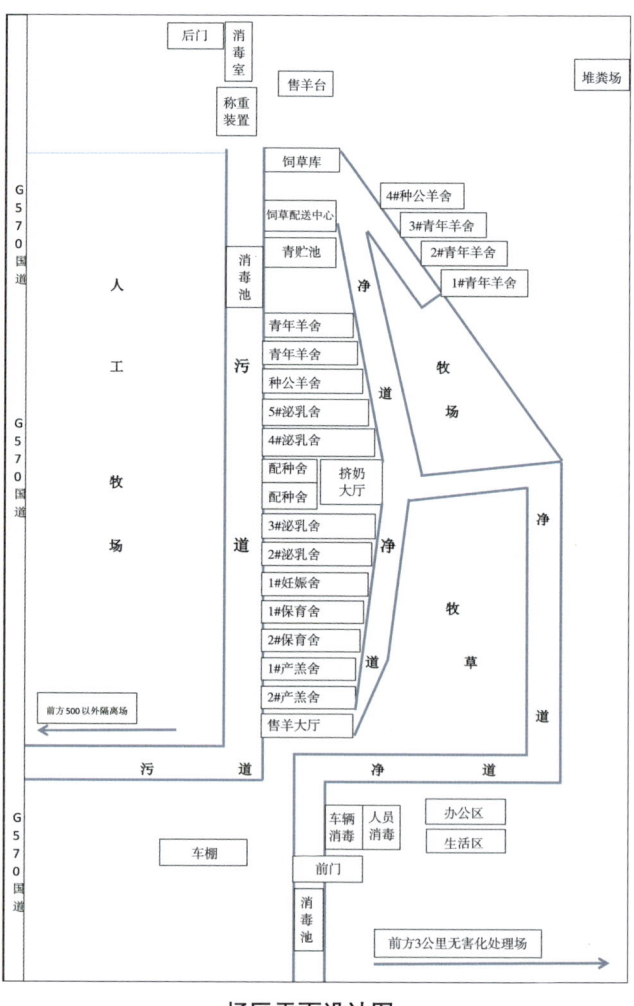

**场区平面设计图**

工区、粪污处理区、乳品加工处理区五个大区。

## 二、主要做法

### （一）养殖建筑情况或特点

在建筑布局与功能分区方面：牧场内设有牧草种植区、饲草加工区、奶羊养殖区、粪污处理区、乳品加工销售区等功能区，形成了完整的奶绵羊养殖全产业链。为了确保奶绵羊的饲草供应，公司在牧场周围人工种植了禾本科和豆科等多种牧草，并建有饲草加工厂，对牧草进行加工处理，提高了饲草利用率。

在养殖设施与智能化管理方面：牧场内的羊舍采用现代化设计，配备有先进的通风、保温、降温等设备。引入智能化管理系统，通过"羊脸识别系统"等生物识别技术，对奶绵羊进行个体识别和健康监测。同时，还建立了全基因组选择育种系统，大大提高了选种的效率和准确性。

在环保与可持续发展方面：公司建有大型沼气生产供气站和尾菜处理厂，形成了"绿色种植、饲草加工、生态养殖、乳品加工、肥料生产、沼气生产、尾菜处理"的循环农业模式。

### （二）养殖设施设备情况及生产技术模式

奶绵羊中央厨房——饲草中心，根据奶绵羊的营养需求，精选优质原料，对选定的原料进行清洗、烘干、粉碎等预处理，以提高饲料的适口性和利用率。根据奶绵羊的生长阶段、产奶量、品种特性及环境条件等因素，制定科学合理的营养配方。确保饲料中蛋白质、能量、矿物质、维生素等营养成分的比例适合。

饲草配送中心　　　　　　　饲料配制和成品

建有集自动化、智能化、精准化于一体的现代养殖管理系统，该系统通过集成先进的饲料加工技术、智能投喂设备、数据采集与分析平台等，实现了对奶绵羊饲养过程的全面监控和科学管理，有效提高了养殖效率和奶绵羊的健康水平。

牧场自动饲喂补料系统

智能控制撒料车

生产性能测定设施，通过智能投喂设备，根据奶绵羊的生长阶段和产奶量，设定合理的投喂时间和投喂量，确保饲料供应的连续性和稳定性。投喂过程能够实时记录投喂数据，并通过数据分析平台进行分析，为科学管理和决策提供了依据。

牧场自动分群测定系统

舍内环境控制方面，通过智能温控系统，实时监测并调节养殖舍内的温度。在冬季，采用保温材料对舍体进行保温处理，并配备暖气或地暖等供暖设备；在夏季，则通过通风降温、喷淋降温等方式降低舍内温度，确保奶绵羊在适宜的温度下生活。

## 第二部分 畜禽标准化规模养殖典型案例

部分环境控制设备

在畜禽粪污处理方面,在养殖区建设了粪污一体化处理系统,对养殖粪污进行有效处理。

清粪及有机肥归田

建设有现代化挤奶大厅，配置转盘式挤奶设备，提升挤奶效率的同时改善乳房健康水平。

**转盘式挤奶设备**

在生物安全设施方面，采取了严格消毒和防疫隔离措施，对进出牧场的人员、车辆和物资进行严格的消毒和检查，防止外部病原体的带入。并建立了完善的疫病监测和预警系统，定期对羊只进行健康检查，及时发现并报告异常情况。公司依托成立的国内首家奶绵羊产业研究院，与西北农林科技大学等相关科研院所建立产学研合作关系，共同研究生物安全领域的新技术和新方法，有效提高了生物安全管理水平。

**消毒室以及车辆消毒通道**

**奶绵羊产业研究院**

## 三、取得的成效

### （一）节约资源方面

一是牧场奶绵羊养殖舍采用双列或四列式结构设计，使牧场在4万多平方米的圈舍空间的羊只饲养量达到1.5万只，单位面积的土地利用率提高约35%，节约土地面积约2万平方米。

二是牧场引入精准饲喂系统，根据奶绵羊的生长阶段、品种、性别、体重等因素，自动调整饲料的种类、配方和投喂量。这种精准化的饲喂方式减少了饲料的浪费，提高了饲料的利用率，节约饲草料成本20%左右。

三是牧场饲草料种植基地与人工草场分别采用滴灌和喷灌方式灌溉，单位用水量大概可节约120立方米，节水效率可提高40%~60%。羊舍饮用水采用封闭式自动供水加冬季保温饮水槽供水，每年可减少水资源浪费1万立方米。牧场大部分使用太阳能照明、饲草料生产试验羊粪生产沼气、利用沼气制备蒸汽对饲草料制粒，生产、生活区供热全部采用空气能供热系统，生产热水供应采用太阳能辅助空气能加热供应清洗用水。牧场节能效果显著。

### （二）提高效率方面

一是公司从国外批量引进东弗里生奶绵羊，相继成立了首家奶绵羊产业研究院，并联合西北农林科技大学等科研院所开展"乳肉"兼用奶绵羊新品种培育工作，这一举措通过杂交、横交固定和世代选育，形成了高繁高泌乳力的奶绵羊新品种——元生爱特奶绵羊，这一品种优质种羊占比高达80%~90%，产羔率提高30%~50%，单只年泌乳量可达600~800千克，品种优势突出，为养殖效率的提升打下了坚实基础。

二是公司在奶绵羊养殖中引入了智能化管理系统，如"羊脸识别系统"，这一系统利用生物识别技术，通过扫描为每只羊建立标签，不仅提高了规模化羊场的生产效率，还实现了自动分群、自动称重、羊只保定、孕检等智能化管理。这些智能化技术的应用，生产人员相比国内同等规模的奶牛场、奶山羊场减少了50%以上，显著降低了人工成本，提高了养殖的精准度和效率。

三是通过智能化养殖和良种应用的综合效应，智能化管理系统减少了人力投入，提高了工作效率。

### （三）绿色发展方面

牧场场区设计合理、周边人工牧场环视、饲草料种植基地与绿化林地相间，生产区卫生整洁，粪污无害化处理到位，无噪声、异味等污染，场区5条专用道路闭环式硬化、道路两侧树木、植被、卫生良好。

公司依托建成的10万吨牛羊饲草加工厂、5万吨有机肥生产线以及年产300万立方米的大型沼气生产供气站，实现了农业废弃物的循环利用。通过沼液水肥一体化综合利用，既替代了农药和化肥，又提高了饲草饲料的利用率，减少了环境污染。同时，公司还建立了年处理15万吨尾菜的加工生产线，在废弃物资源化利用方面取得了显著成果。

公司坚持种养结合的发展模式，通过建设万亩绿色饲草种植基地和奶绵羊生态牧场，利用种植的优质牧草和农作物秸秆作为奶绵羊的饲料来源，不仅降低了饲料成本，还提高了饲料的营养价值。同时，奶绵羊的粪便经过处理后又可以作为农田的有机肥料，形成了生产、处理、还田的公司内部循环生产模式，实现了资源的循环利用和生态的良性循环，饲草料种植基地因此在2023年获得了国家有机种植认定。

公司高度重视生物安全工作，建立了完善的防疫体系和应急机制。一方面，在制度上制定了检疫、免疫、驱虫、病媒体防控等30多项牧场疫病防控制度和方案；另一方面，与中国农业科学院兰州兽医研究所签署长期合作协议，实施三级疫病防控管理体系，开展以预防为主的疫病净化管理及诊疗管理工作，工作成效显著。2021年奶绵羊核心育种场通过中国动物疫病防控中心的羊布鲁氏菌病"动物疫病净化创建场"评审，2022年奶绵羊核心育种场通过农业农村部"布鲁氏菌病无疫小区"评审。

### 四、适合的养殖规模和区域

该技术模式适用于万只以上的大规模养殖，特别是在奶绵羊养殖领域具有显著优势。同时，该技术模式在具备良好自然条件、经济发展水平和市场需求的地区也具有广泛的适用性。

## 现代设施全封式饲养助力奶山羊高效养殖

——陕西正大奶山羊产业发展有限公司

**导言：** 陕西正大奶山羊产业发展有限公司采用现代设施全封闭式饲养萨能奶山羊，集成行车布料和恒温饮水节能并用模式、全营养颗粒+干草饲喂+回收制粒模式、羔羊母子分离饲养模式、自动化环控通风和繁殖光调节模式、"缝板板＋地沟刮粪机"粪污收集模式，山羊泌乳期平均饲料效率1.50，305天产奶量1205千克。

## 一、企业基本情况

### （一）企业简介

陕西正大奶山羊产业发展有限公司是一家集种植、养殖、育种、良种推广和羊奶加工于一体的外资独资企业，成立于2020年7月，现有员工43人，技术人员占比42%。公司位于陕西省宝鸡市千阳县张家塬镇柳家塬村，占地960亩，总投资1.67亿元。采用现代设施全封式饲养，2022年从新西兰引进纯种萨能奶山羊2027只，2023年首批分娩投产，305天产奶量1205千克，实现销售收入600万元。

### （二）场区平面设计

场区分生产区、生活区、外围三部分。生活区建有人员洗消间、物料预处理间、培训研发中心、员工餐厅、公寓楼、供水系统、配电室及附属设施。生产区建有车辆洗消通道、人员二次洗消间、物料处理间、羊舍、挤奶厅、干草棚等。无害化处理区建有氧化发酵池座、污水池和无害化暂存间，并配备相关设施设备。

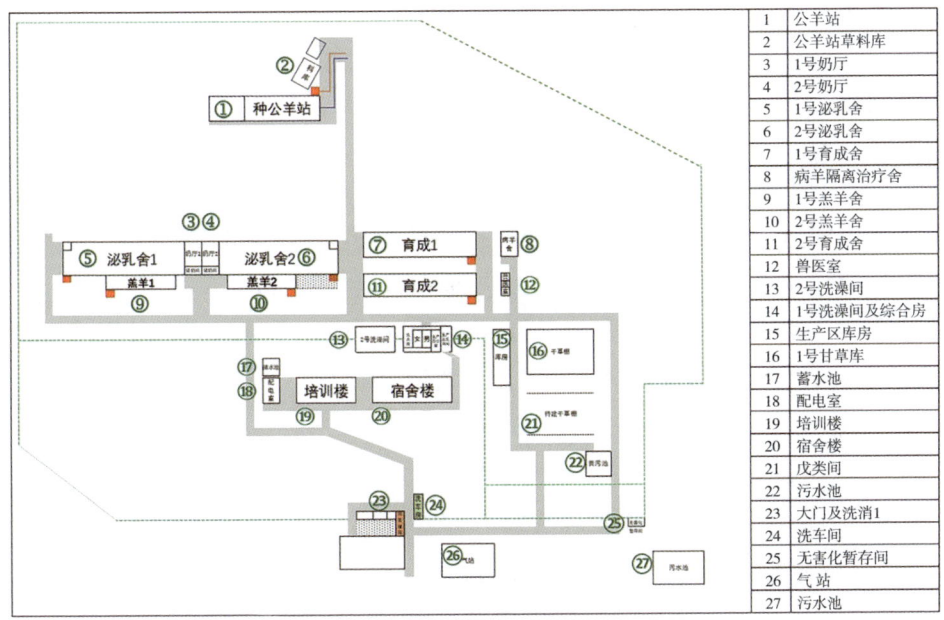

场区功能单元布局

## 二、主要做法

### （一）养殖建筑情况及特点

羊舍、挤奶厅、干草棚为大跨度钢结构，总建筑面积24799平方米，地面采用防水防渗漏20厘米混凝土硬化。墙体及屋顶采用夹层材料，符合环保和节能要求。

**养殖建筑数量及面积**

| 序号 | 建筑设施 | 长（米） | 宽（米） | 高（米） | 面积（平方米） | 数量（座） |
|---|---|---|---|---|---|---|
| 1 | 泌乳舍 | 114.00 | 39.19 | 7.60 | 33954 | 2 |
| 2 | 育成舍 | 140.00 | 22.00 | 5.44 | 16755 | 2 |
| 3 | 羔羊舍 | 74.00 | 12.00 | 5.00 | 888 | 2 |
| 4 | 公羊站 | 94.00 | 14.76 | 6.60 | 1387 | 1 |
| 5 | 隔离舍 | 22.28 | 12.28 | 5.19 | 396 | 1 |
| 6 | 挤奶厅 | 49.76 | 20.00 | 10.40 | 208 | 2 |
| 7 | 干草棚 | 72.52 | 30.52 | 8.50 | 2213 | 1 |

**1. 泌乳舍建筑设施**

泌乳羊舍总建筑面积3368.97平方米，主体结构体系采用轻钢结构，安全等级为二级，设计使用年限30年；基础工程采用丙级钢筋混凝土条形基础；抗震设计按7度设防烈度执行，建设场地属Ⅱ类地质类别。泌乳羊舍每舍可饲喂2560只奶山羊，每舍设8排羊栏，每排羊栏设320个颈枷，并可根据需要分隔4个独立栏位。

**2. 挤奶厅建筑设施**

挤奶厅总建筑面积1007.80平方米，主体为地上一层局部二层，结构体系采用轻钢结构，安全等级为二级，设计使用年限30年；主体钢架（梁、柱、屋架）及围护构件（檩条、墙梁）采用Q345钢，支撑等稳定构件采用Q235钢，所有钢材均符合现行国家标准及规范要求。

### （二）养殖设施设备情况及生产技术模式

**1. 养殖设施情况**

养殖场建有洗车房、人员洗澡间、物料消毒间。标准化封闭式泌乳羊舍、育成羊舍、羔羊舍各2栋，公羊舍1栋，隔离舍1栋（含配套兽医室），均配备自动饲喂系统、恒温饮水系统、通风系统、光照调节系统、环控系统、隔离纱窗、中央消毒系统、漏粪板、自动清粪系统，羔羊增配自动饲喂机、水过滤系统和供热系统。配套建设100位转盘挤奶厅2座（含18吨原奶冷藏罐、CIP清洗系统、废水回收系统、1.5立方米燃气锅炉）、2200平方米干草棚1栋、料塔6座、诊疗室、药品库、物料库、设备维修间、油料库各1座，自动称重分群系统1套、干草粉碎机1套、干草除尘塔1座、18立方米干草投喂车2台、30型装载机1台、2.5吨叉车1台、滑移车1台、4.5立方米真空吸污车1台、羊粪有氧发酵池1000立方米2座。安装164位全天候无死角监控系统和云端羊群管理系统。

（1）智能化标准全封闭式圈舍。

泌乳羊舍

泌乳舍

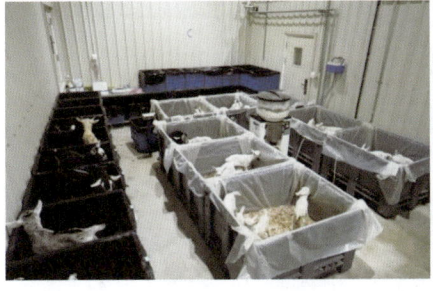

育成舍

育成舍

羔羊舍——训羔区　　　　　羔羊舍——保育区

| 公羊站 | 公羊站内景 |

（2）智能化饲喂及饮水系统。

| 粗饲料切割设备和除尘间 | 粗饲料中央除尘系统 |

 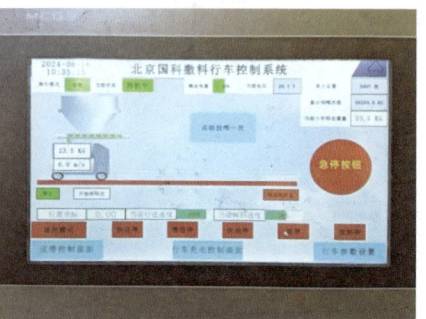

| 饲喂行车 | 饲喂行车智能界面 |

| 保温水槽 | 水槽水位加热系统 |

羔羊饮水净化过滤系统

羔羊自动饲喂系统

（3）生产性能测定设施。

自识别称重系统

称重系统管理界面

100位进口SAC挤奶系统

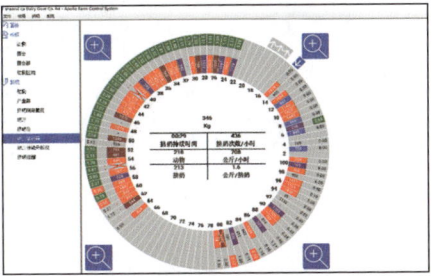
挤奶系统控制界面

（4）舍内环境控制系统。

环控系统主界面

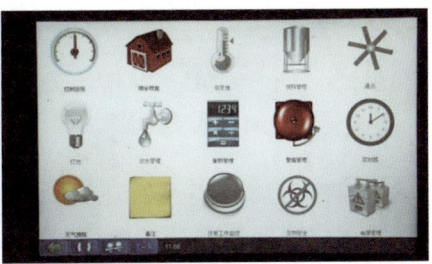
预警报警机

遮光卷帘　　　　　　　　横向风机

羔羊舍环控风门　　　　　羔羊舍排风机

温湿度传感探头　　　　　五合一气体传感探头

燃气热风机　　　　　　　地暖壁挂炉

（5）粪污自动收集及处理控制系统。场区采取"漏粪板+地沟刮粪机"每天3～4次清理。粪污在中段横向粪沟暂存，之后由清粪车封闭转运，在粪池堆积氧化后由终端设施配套还田。

| 横向刮粪机 | 清粪控制系统 |

吸污车转运

还田车

（6）生物安全设施设备。

洗车房

指导、参观通道

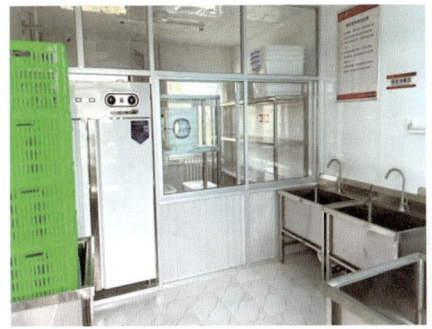
物料消毒间

生产人员洗澡间

中央消毒系统

喷雾消毒车

无害化暂存场所

无害化收集车

（7）视频监控及羊群管理系统。

监控机房

监控画面

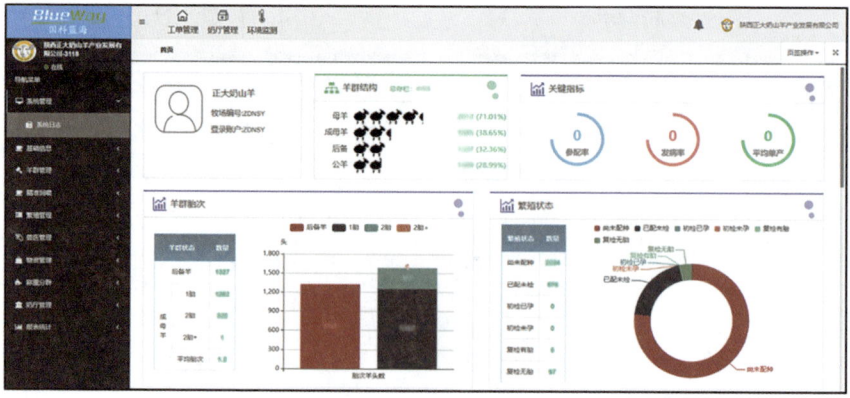
牧场管理系统界面

**2. 生产技术模式**

（1）行车布料和恒温饮水节能并用模式。一是采用自动化饲喂系统，针对不同羊群特点，研发出国内第一套自动化饲喂系统，通过微电脑控制、监控羊只饲喂，实现了奶山羊智能化饲养。二是能够对水温、新鲜度、峰值饮水需求等方面进行分析，使饮水水温和新鲜度始终满足饮用要求，降低冬春季动物能耗，减少奶山羊疾病发生。

（2）全营养颗粒＋干草饲喂＋回收制粒模式。采取"全营养颗粒＋干草模式"，确保营养均衡供给，实现了奶山羊生产的标准化，保证了奶山羊健康和产奶水平，平均305天产奶达到1205千克。奶山羊通过"料线行车"自动饲喂，会产生3%～5%粉料剩料，通过对粉料收集再制粒，用于非生产羊群或无育种价值羊群，实现饲草料的零浪费，有效减少饲料投入损失。

（3）羔羊母子分离饲养模式。采用母子分离饲喂模式，引进德国羔羊自动饲喂机和荷兰羔羊代乳料，减少了母婴疾病垂直传播，提高了羔羊断奶成活率，提升后备羊生产潜能和泌乳期产奶量，降低人力投入成本，实现了羔羊标准化养殖。

（4）自动化环控通风和繁殖光调节模式。羊舍采用智能化环控系统，可以监控圈舍通风、采光、舍温实时状态，并根据生产要求实现自动调节，保证圈舍内环境质量。通过程序化补光系统对奶山羊繁殖性能调节，规避繁殖过程中激素的使用，为安全、优质羊奶生产奠定了基础，实现全年均衡生产。

## 三、取得的成效

### （一）节约资源方面

**1. 土地节约方面**

封闭式圈舍土地利用率高，泌乳羊单只饲养面积1.65平方米，后备羊单只饲养面积1.58平方米，羔羊单只饲养面积0.42平方米，种公羊单只饲养面积2.52平方米，是传统养殖土地使用率的50%，节约了土地资源。

**2. 饲草料节约方面**

基础母羊和后备母羊均采取"配合料＋粗饲料"模式，可实现每天1～8次自动精准饲喂，剩余草料100%回收制粒再利用，年减少经济损失150～240元/只，全群可节约22万～36万元（以成母羊计）。

**3. 水电资源节约方面**

饮水槽加有加热和水位监测系统，可保障动物饮水需求和新鲜度，挤奶厅配备有废水回收系统，可对奶厅挤奶清洗后的废水进行回收再利用，避免水资源的浪费。

羊舍夹芯墙体具有良好的隔热保温功能，通过环控系统对卷帘及风机精准调控，可有效降低风机无效开启时间，电力设备均安装时控开关，根据生产需要定时开启，杜绝因人为疏忽造成的电力浪费。

### （二）提升效率方面

#### 1. 单产水平

2023年峰值平均单产4.8千克/（只·日），305天产奶量1205千克，创造了国内奶山羊群体产奶纪录。2024年1—5月，峰值单产4.45千克/（只·日），平均单产3.87千克/（只·日），平均脂肪4.01%、蛋白3.07%、干物质12.16%。

#### 2. 繁殖性能

2022年总妊娠率53%，2023年产羔率183%，母羔占比50.8%；2023年总妊娠率85.7%，2024年产羔率179%，母羔占比49.1%。

#### 3. 羔羊保育情况

2023年总计产羔1724只，平均出生重3.61千克，断奶成活率94.5%，60日龄断奶重18.50千克；2023年1—5月产羔1950只，平均出生重3.75千克，断奶成活率93.7%，60日龄断奶重16.37千克。

#### 4. 饲料利用率

泌乳高峰饲料效率1.65，泌乳期平均饲料效率1.50。后备羊饲料剩料率3%，育成羊日增重170～180克/日，羔羊平均日增重210克/日。

### （三）绿色发展方面

#### 1. 养殖环境

公司选址具有自然和人工屏障。生产单元所在地属于林耕接合部，场外北、东、西侧具有天然的自然隔离带，南侧有260亩流转土地作为外围缓冲区。场区清洁卫生，无噪声、臭气、污水等污染。

公司鸟瞰图

## 2. 种养结合

采用"羊—粪—田"绿色循环模式，粪污采取地下收集，深坑初级发酵，吸粪车封闭转运，氧化塘二次发酵熟化还田。场区外围承包有流转土地，可承载每年3次还田，实现"羊—粪—田"绿色循环。

## 3. 生物安全

场区按人、物、车设立消毒通道，划分三条防线，分别为：外围生物安全防线、生活区安全防线、生产区安全防线。配有入场洗澡间、雾化消毒通道、洗消间、洗车房；圈舍中央消毒系统；场区环境喷雾消毒车等设施设备，有效阻断了带入性病原的侵入。

## 四、适合的养殖规模和区域

公司"奶山羊高标准养殖模式"适于全国不同气候特点及地理维度，养殖存栏1000只以上的家庭农场或规模养殖场。

# 创新科技 助力肉羊育种与产业化开发

——绵阳吉羊农牧科技有限公司

导言：绵阳吉羊农牧科技有限公司专门从事天府肉羊育种，配置有饲料加工配制、生产性能测定、废弃物处理等设施设备，通过"核心群种羊—扩繁群种羊—商品育肥羊"三级生产繁育技术模式、种养循环技术模式集成应用，羊场综合效率提升30%。

## 一、企业基本情况

### （一）企业简述

绵阳吉羊农牧科技有限公司成立于2023年2月，注册资金1亿元，是专门从事优质肉羊育种及产业化开发的科技型企业。该核心育种场位于四川省绵阳市盐亭县玉龙镇双兴村，总投资6000余万元，占地面积100余亩，建有现代化羊舍14栋，建筑面积8000余平方米，现存栏天府肉羊核心群2000余只，年产优质种羊4000只以上，是四川优质肉羊养殖示范基地和乡村振兴产业示范基地。

## （二）场区平面设计示意图

场区主要包括4个功能区，即生活办公区、饲草料加工区、养殖区、粪污处理区。生活办公区由员工宿舍、办公室组成；饲草料加工区，配备有立式饲料粉碎搅拌机、饲草料运送车、上料机等；养殖区圈舍内配备自动化饮水、自动化环控、自动化监控等设施设备；粪污处理区连接自动清粪刮粪板，主要配备粪污运输传送带、粪污堆放池以及粪污运送车。

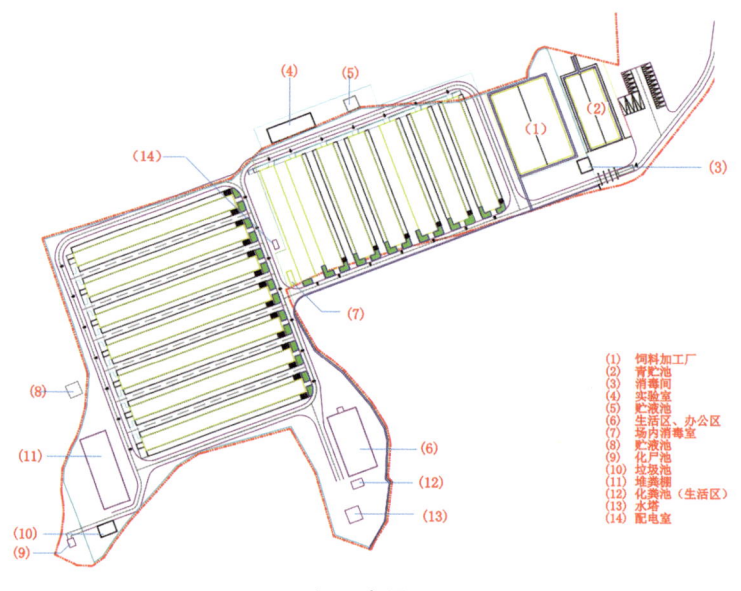

场区布局图

(1) 饲料加工厂
(2) 青贮池
(3) 消毒间
(4) 实验室
(5) 贮液池
(6) 生活区、办公区
(7) 场内消毒室
(8) 贮液池
(9) 化尸池
(10) 垃圾池
(11) 堆粪棚
(12) 化粪池（生活区）
(13) 水塔
(14) 配电室

场区航拍图

## 二、主要做法

### （一）养殖建筑情况

圈舍共14栋，分两个区域。圈舍主体采用钢架结构建成，顶棚采用双坡顶设计，防火岩棉板材质，面坡每间隔一定距离设计一个换气口。羊舍内配备自动化饮水等各类设施设备。

养殖场内部构造

养殖场外部构造

### （二）养殖设施设备情况及生产技术模式

**1. 养殖设施设备情况**

（1）饲料加工配制。以各类农副作物秸秆为主，通过加工成粉料，适当搭配粮食精饲料，再进行搅拌，形成TMR饲喂，使用撒料车投喂。

TMR搅拌机

撒料车

（2）生产性能测定设施。引进爱牧云系统，包括饲料称重、体重称重、电子耳标识读、无线数传、配触屏、PLC、PC软件。可实现全封闭自动饲喂、测定个体羊的日增重、日采食量、总增重、总采食量、料肉比。饲料精度±5克，体重精度1‰、耳标识读率100%。

（3）废弃物处理。复合漏粪板和自动清粪一体化，在羊舍底部全部铺设树脂材料复合漏粪板，漏粪板下预留自动化清粪池，通过清粪刮板及时将各排羊床底下的粪便清理到横向清粪池，再统一刮送到粪污传送履带上，由履带传送到粪污发酵池内。

自动生产性能测定系统

### 2. 生产技术模式

（1）生产繁育技术模式。为强化科学管理和优化繁育流程，提高羊群的品质和生产效率，公司建立了"核心群种羊—扩繁群种羊—商品育肥羊"三级生产繁育模式，形成了一个完整的优质肉羊产业链。其中核心群种羊作为繁育体系的基础，拥有最优秀的遗传品质和健康状况，通过严格的选育程序，确保其遗传优势得以传承；扩繁群种羊

自动清粪设备

以核心群种羊为支撑，用于扩大优良品种的群体规模，带动养殖场（户）加快遗传改良，提高养殖效益；核心群种羊和扩繁群种羊中，不留作种用的，及时转为商品育肥羊，商品育肥羊经过科学的饲养管理和快速的育肥过程，达到理想的体重和肉质标准后进入市场。

（2）种养循环模式。充分利用各种农副作物秸秆配以精饲料进行饲喂，饲草料加工房与圈舍通过自动上料槽相连接，饲草料营养同时实现高效精准饲喂。自动饲喂系统从拌料、进料到上料，全程无残留无污染；自动饮水系统时刻保证羊饮水干净卫生；铺设的羊床将粪便全部漏到底槽，由清粪系统按时刮到粪污堆放处，避免粪便对羊只和圈舍的污染。羊粪便经过传送带输送到粪污堆放区进行发酵，发酵后的有机肥料运输到公司在周边流转的土地

上,通过以养带种的方式,建立种养结合、粮草兼顾的高效节粮型农牧业结构。

### 三、取得的成效

#### (一)节约资源方面

通过秸秆粉碎加工,可以有效提高秸秆的综合利用率;与此同时,通过 TMR 的方式进行饲养,可以提高饲料和草料的消化利用率,减少草料的浪费,在节约资源方面效果明显。

#### (二)提高效率方面

由于羊舍配备的饲喂、饮水系统,自动化程度高,短时间内就能完成拌料及饲喂,且无需人工饮水,特别是自动清粪系统相较于传统的人工清粪,不受时间约束,按照产粪量的多少随时可以进行刮板清粪,显著提高了饲养员的劳动效率,节约了人工,减少了劳动强度,综合效率提高 30% 以上。

#### (三)生态环保方面

复合漏粪板及自动清粪系统的配备能够有效保持羊舍采食通道和行走通道的清洁,改善圈舍环境卫生。羊粪堆积发酵后的有机肥料可以增加土壤有机质含量,还可增强土壤保水保肥能力,有利于优化农业产业结构,推动建立资源节约型、环境友好型现代农业产业发展模式。

### 四、适合的养殖规模和区域

公司整套生产及技术模式适用于我国南方农区、广大丘陵区进行 300 只以上肉羊舍饲规模化养殖。

# 家禽篇

## 白羽肉种鸡楼房养殖模式探索

——江苏京海禽业集团有限公司

导言：江苏京海禽业集团新丰鸡场采用楼房养殖模式饲养白羽肉种鸡，楼房鸡舍采用分层饲养模式，每一层都具有独立性和封闭性。鸡场配备有自动喂料系统、环境控制系统、废弃物处理系统以及生物安全设施，生产收益比平房养殖提高了3倍。

### 一、企业基本情况

#### （一）企业简述

江苏京海禽业集团有限公司位于南通市海门区，是集种禽繁育、饲料生产、病死畜禽无害化处理等为一体的科技型农牧企业。公司成立于1985年，占地2000多亩，常年饲养AA祖代种鸡30万套、AA父母代种鸡200万套，形成了年产白羽父母代种雏1000万套、商品雏2亿只、生态饲料12万吨的生产能力。公司系首批农业产业化国家重点龙头企业、全国优秀龙头企业、高新技术企业、全国家禽行业十强养殖企业，于2015年被农业部审批认定为国家肉鸡良种扩繁推广基地，是重要的白羽肉鸡生产基地和引繁中心，所产种雏、商品雏远销全国26个省、自治区、直辖市。企业建有国家博士后科研工作站、国家星创天地、省企业院士工作站、省绿色禽产品工程技术研究中心、省产学研联合培养研究生示范基地等平台。

#### （二）场区平面设计

京海集团新丰鸡场位于临江新区新丰村，占地43.35亩，4层白羽肉种鸡养殖楼房4栋，单层饲养面积规格120米×15米，畜禽舍总建筑面积约3.63万平方米，改扩建办公生活用房、仓库附属用房1604平方米，新建与养殖规模相配套的污水处理池、雨污水管道、消防等附属设施。同时，购置安装自动喂料系统、自动饮水系统、环境智能控制系统、自动集蛋系统、保温设备等国内外一流的现代化养殖设备16台（套）。

## 第二部分 畜禽标准化规模养殖典型案例

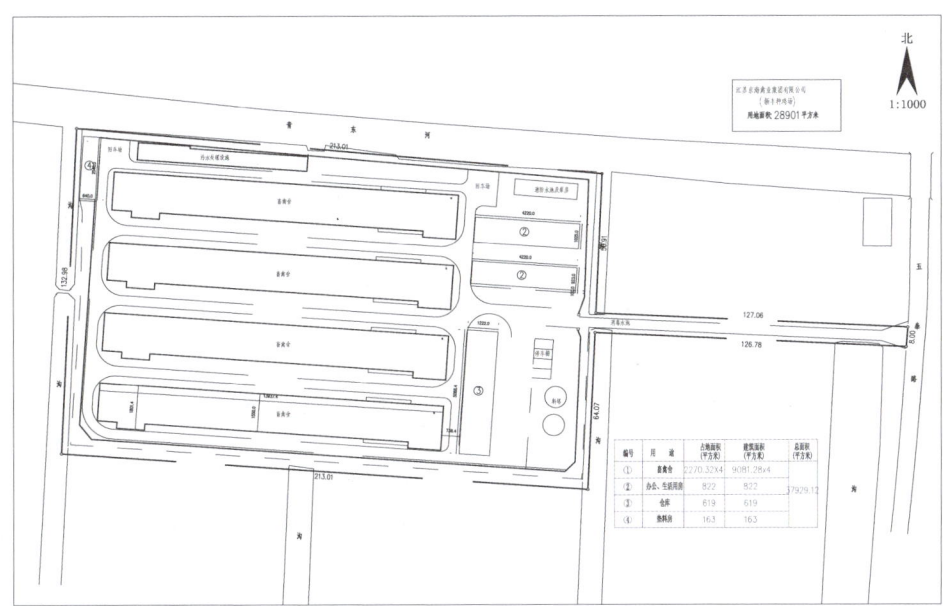

场区平面设计图

## 二、主要做法

### （一）养殖建筑情况或特点

新丰鸡场整体工程设计按照《建筑结构可靠性设计统一标准》（GB 50068—2018）、《钢结构设计标准》（GB 50017—2017）等相关要求，采用"框架+轻钢屋顶"的密闭式四层楼结构，规格为长139.5米、宽15.5米。鸡舍通过在左右两侧开设横向通风小窗，在进口两侧墙面安装湿帘+导风板降温设备，以及在最顶头预留8.4米安装纵向通风的蒙特风机和除臭降尘装置，既加强舍内通风、温湿度等环境控制，又有效地降低了对鸡场周边环境的影响。

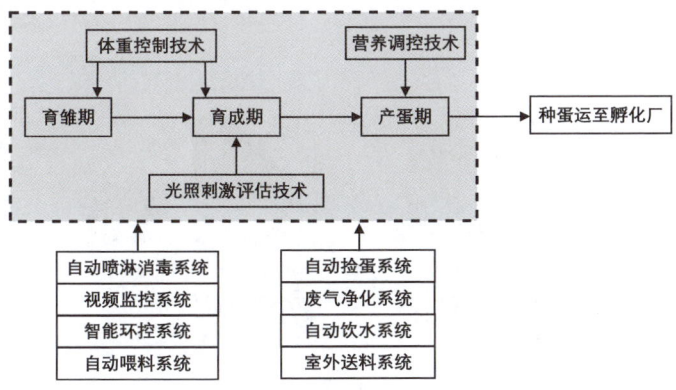

白羽肉种鸡生产工艺流程图

## （二）养殖设施设备情况及生产技术模式

白羽肉种鸡楼房养殖模式不是传统平房养殖模式在空间上的简单叠加，而是对养殖设施设备进行迭代升级。新丰鸡场楼房鸡舍采用分层饲养模式，每一层都具有独立性和封闭性，同时配备了自动环境控制系统、自动饮水系统、自动集蛋系统、湿帘降温系统、自动照明等先进设备。

（1）喂料系统。新丰鸡场自动喂料系统中的饲料贮存塔根据设定的耗料量，将饲料通过饲料管网输送至喂料设备的投料器中，喂料设备在3分钟内将饲料分配至整栋鸡舍。饲料的密闭传送、精准计量和快速饲喂，不仅降低了饲养员的劳动强度，同时也确保了饲料的生物安全，保证鸡只采食均匀。

室外送料系统

（2）舍内环境控制。新丰鸡场智能环境系统由环境智能控制平台、探头、湿帘、风机、通风小窗组成。根据种鸡生长周期，通过环境智能控制平台设定温度、湿度目标值，控制湿帘、风机、通风小窗的开启，以及最小通风、过渡通风与纵向通风模式之间切换，从而为鸡只生长与生产创造良好的环境。

自动喂料系统

环控——风机纵向通风

环控——湿帘通风

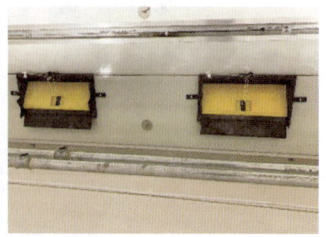

环控——通风小窗

（3）废弃物处理。生产区鸡舍风机口安装废气净化系统，加设隔音围墙，降低鸡场臭气、噪声污染，生产废水进行污水处理后达到灌溉水要求直接排放农田，资源得到重复利用。

废气净化系统

（4）生物安全设施。自动喷淋消毒系统，由车辆识别控制设备、车辆消洗设备、人员消洗设备等组成，排除了人为因素，强制进入场区的车辆和进入生产区的人员必须消洗，有力地保障了整个养殖场的生物安全。

自动喷淋系统

## 三、取得的成效

### （一）节约资源方面

（1）节约土地资源方面的成效。新丰鸡场设计白羽肉种鸡饲养总规模达14.98万套，对比平房养殖模式，节约养殖用地约65亩。

（2）节约饲料、水资源方面的成效。通过自动化喂料系统，实现精准定时定量喂料，提高鸡群均匀度；鸡场生产、生活废水通过污水处理达到灌溉用水要求，处理后可直接排放至农田，水资源得到重复利用，保护了生态环境。

## （二）提高效率方面

（1）提高了经济效益。通过采用全自动化设备和集中管理，楼房养鸡模式能够降低管理成本和管理损耗。新丰鸡场占地43.35亩，年存栏父母代种鸡14.98万套，对比平房养殖产能提升3倍，每亩增加饲养量2590套，每亩每年可向社会多供应310万只商品苗鸡。

保持鸡舍温度适宜、通风良好，提供舒适的生活环境，有助于减少应激反应，增强食欲和生长能力。楼房养鸡饲养环境相比平房养殖环境，每套种鸡多产商品苗数高出2.2只，每套种鸡增加了经济效益6.16元左右，合计92.28万元。

（2）楼房养鸡提高了工作效率。通过集约化楼房养鸡，对比平房养殖模式，单位人工饲养量从3200套提升至3800套，新丰鸡场14.68万套父母代种鸡可减少一线饲养员7人，年节约人工成本约56万元。

（3）楼房养鸡提高饲料利用率。楼房养鸡是在小地块上实现规模养殖的一个新方法。通过全自动的舍内舍外喂料系统，将颗粒料定时定量直接输送到鸡只料槽内，不仅减少了饲料浪费，提高了饲料报酬率，还能改善鸡只均匀度，保证鸡只健康生长和提高产蛋率。

因此，楼房养鸡虽然建设成本较高，但通过标准化规模养殖，集中管理，改善养殖环境，不仅降低总体成本，生产收益还比平房养殖提高了3倍多。

## （三）绿色发展方面

（1）养殖环境方面。通过实施养殖设施设备转型升级行动，推广环保型的高标准鸡舍建设，配套自动供料、自动环控、自动饮水、自动消毒、废弃物处理利用等现代基础设备设施，实现了肉种鸡生产机械化、智能化、自动化、信息化、精细化，提升了鸡场防疫水平和生产效率。

（2）废弃物资源化利用方面。研究并构建了农业废弃物就地减量、就地处理、就地消纳的综合利用技术模式体系，包括病死畜禽无害化处理、鸡粪有机肥加工和还田利用关键技术及资源化利用等技术和产品。

（3）低碳环保方面。通过建立并完善鸡场生产、生活污水净化处理，灌溉还田，改善动物健康和提高饲料报酬率等措施，降低农业温室气体排放强度。

## 四、适合的养殖规模和区域

规模方面，楼房养殖模式的建造成本和设备购置成本偏高，父母代肉种鸡的养殖规模需达到10万套以上，才能实现投入产出比1:1以上。区域方面，由于楼房养鸡采用密闭鸡舍，配备现代新型养殖设备改善舍内饲养环境，故该技术模式受外界环境影响不大，可以在全国范围内推广。

# 高标准种鸡示范养殖带动陕西家禽产业高质量发展

——蒲城好邦种禽有限公司

导言：蒲城好邦种禽有限公司主要从事白羽肉种鸡养殖，采用 A 型三层 4 列高标准笼养产蛋鸡舍，配备有自动喂料系统、饮水系统、环控系统等设施设备，搭建了智能化网络管理平台，集成肉种鸡立体笼养智能化饲喂模式、人工授精技术模式，产蛋期套均产蛋 192～195 枚，套均合格种蛋 181～185 枚，入孵蛋健雏率 86.9%～88.1%。

## 一、企业基本情况

### （一）养殖场简述

蒲城好邦种禽有限公司是陕西好邦食品股份有限公司旗下投资建设的白羽肉种鸡父母代标准化示范养殖繁育基地。公司成立于 2021 年 5 月，坐落于渭南市蒲城县椿林镇万兴村，地理位置优越、场所僻静，适合肉种鸡养殖。在养规模 10 万套，年可提供优质种蛋 1700 万枚，可向社会提供优质白羽肉鸡苗 1450 万羽。白羽肉种鸡引进美国爱拔益加公司 AA+ 品种。2024 年实现收入 3886 万元。

### （二）场区平面设计

养殖场共占地面积 100.88 亩，场区规划了 3 个功能区，分别是办公生活区、辅助生产区和生产区，办公生活区和生产区完全分开，间距 60 米。生产区建有标准化鸡舍

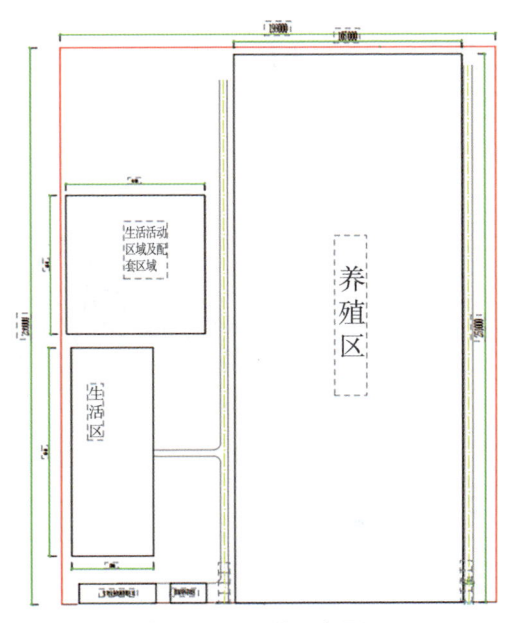

场区平面设计示意图

12栋，东西走向，平行排列，每栋鸡间隔10米；生活区办公区主要设施包括消毒间、办公室、员工宿舍、食堂、洗澡间、卫生间等；辅助生产区建有蛋库200平方米，配电室50平方米，蓄水池450平方米以及水泵房和配件库等设施。

蒲城好邦种禽有限公司鸟瞰图

## 二、主要做法

### （一）养殖建筑情况或特点

建设高标准全自动化笼养肉种鸡舍12栋，每栋长100米、宽14.5米，全部采用外墙保温措施的砖混结构标准建设。外墙保温使用保温专用聚苯板，容重为25千克/立方米，防火B2级要求。鸡舍屋顶人字梁结构，屋面采用彩钢复合板，100毫米厚阻燃泡沫板，容重12千克/立方米、防火B2级要求。

外墙保温专用聚苯板

A型三层阶梯式笼架

## （二）精准养殖设施情况

### 1. 自动喂料系统

自动喂料系统由饲料生产厂、散装运输及鸡舍外部饲料储存与内部自动投料系统组成。该饲喂系统的工作流程为：饲料生产—散装仓储—散装运输—自动灌装到料塔—上料行车布料—料槽。该场配套建设了饲料厂，饲料在散装仓通过周转车散装运输到养鸡场。鸡舍外部采用密闭式料塔高位储存饲料，散装饲料车装载饲料运输自动灌装到料塔，全程操作无污染，场区配备7个散装饲料塔，其中2个5吨料塔，3个13吨料塔，2个15吨料塔，根据种鸡群公母鸡配置数量和不同日龄大小饲料用量需求，确定饲料用量，选择合适的料塔贮存，以确保饲料的新鲜、安全、营养；鸡舍内采用背负式上料行车设备，可实现自动打料、自动返回、精准控料和均匀布料，保证鸡只均匀采食，生长均匀度较高，有效降低后期鸡群死淘率。

蒲城好邦种禽有限公司中央料塔、专车专运

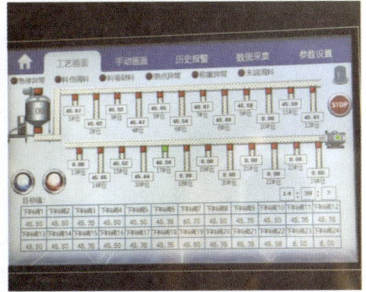

批次称重系统

行车式种鸡精准喂料

### 2. 自动饮水系统

饮水系统包括水线、过滤器和球阀式乳头饮水器，在水线前端安装加药设备。禽用自动球阀乳头饮水360°出水，出水量为120毫升/分钟，每笼饲养两只母鸡或一只公鸡设置一个饮水器，可以满足全圈鸡只任何阶段的饮水需要。自动饮水器水线每3～5天自动清洗一次，保证鸡只饮水清洁。

### 3. 自动环控系统

引进以色列 AC-2000 3G 版环境控制系统＋物联网技术，全程自动化控制鸡舍环境，实现鸡舍内所有设施设备如水帘、小窗、风机等集成联动，发挥各个设施设备的最大效能。该系统通过圈舍内部的传感器实时监控鸡舍的温度、湿度、二氧化碳、氨气、氧气等各项指标，根据设定的日龄曲线、温度曲线等参数，在肉鸡生产各阶段精密调节通风量、照明、温度等各种环境要素，保证鸡舍内各种环境要素符合肉鸡不同生长阶段的环境需求，创造鸡群生长所需的良好条件。

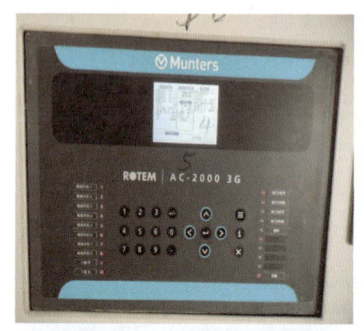
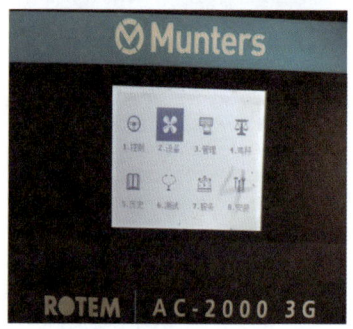

智能环控系统示意图

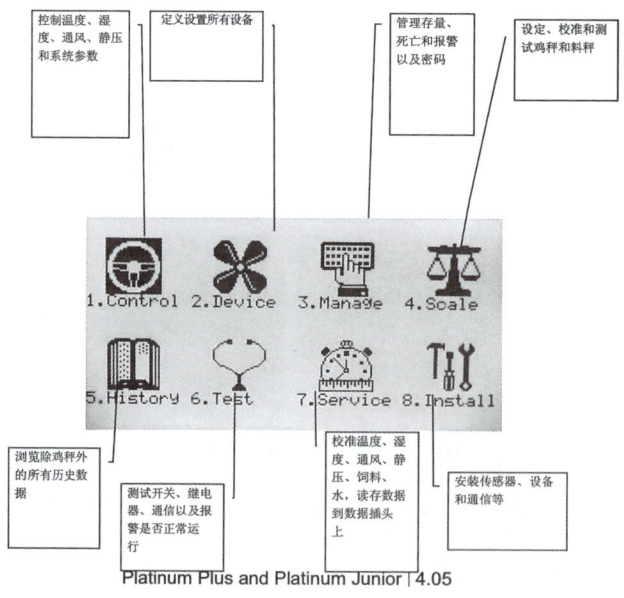

AC-2000 3G 版环控系统

智能控制系统

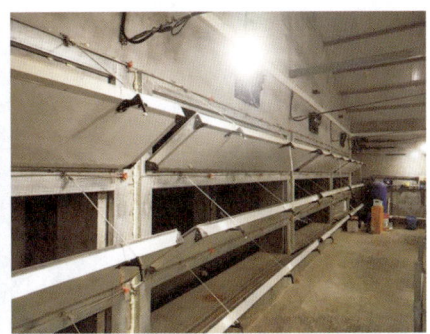
降温系统——正面导流板

降温系统——水帘

降温系统——笼统风机

### 4. 自动清粪系统

自动清粪系统由纵向、横向及斜向传输带和自动控制系统组成。粪便通过每层笼底安装的纵向传送带分层清理输送到鸡舍尾端，经尾端横向和斜向传送带输送至舍外，可实现一键式启动干净清粪，省时省力，由专用粪污运输车运送到有机肥加工厂。

清粪系统——舍内输送带

清粪系统——舍外立体输送

#### 5. 自动照明系统

鸡舍照明采用高效节能，寿命长，光质可调控的 LED 灯，每栋舍安装 5 列，每列间距 2 米，距离地面高度 2.2 米，可自由调节广度、广角发光，确保光照正确导入鸡笼内和料槽，无频闪，每层具有均匀的光照。按照肉鸡不同生产阶段对光照的需要调节光照时长和光照强度。

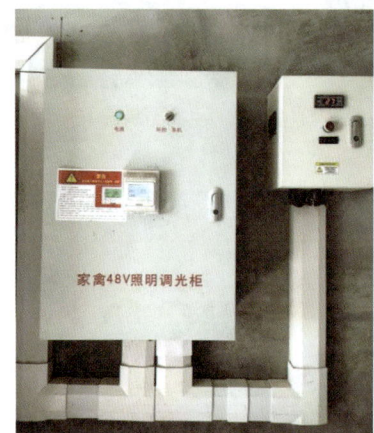

可调光照明系统

#### 6. 智能化网络管理平台

使用智能化网络管理系统，包括实时监控、设备管理、报警配置、数据追溯、数据分析、用户管理等一系列功能。该系统可以实时显示栏舍数量分布状态信息，了解鸡只活动情况，通过卡片和图表的方式，实时显示栏舍的状态分布，通过列表方式，显示实时报警栏舍列表，并且详细描述了报警内容及报警时间；在线采集环境数据，进行统计分析，启动相应的报警，实现鸡舍环境全自动化智能控制以及鸡群状态的实时监控；每天会自动对栏舍日常事务提醒、设备到期提醒、栏舍报警提醒、参数修改提醒等提醒事项进行统计，方便技术人员管理。

### （三）设施养殖技术模式

#### 1. 肉种鸡立体笼养智能化饲喂模式

种鸡场将圈舍建设、设施设备、信息化技术相结合，采用 A 型三层 4 列高标准笼养产蛋鸡舍，集成物联网、大数据、远程传输、人工智能等技术，对养殖环境、鸡只健康状态进行实时监测和智能调控，实现精准饲养和健康管理。

## 2. 人工授精技术模式

全部采用肉种鸡笼养人工授精技术，种公鸡每 2～3 天采精一次，精液用专用稀释液按 1∶1 稀释，为保证种蛋良好的受精率，母鸡每 5 天输精一次，一次输精量为 0.018～0.02 毫升，规范的技术操作提高种蛋受精率和保证高受精率时间，目前该场种蛋受精率可达到 92%～95.3%，92%以上受精率时间可达到 30 周以上，显著高于行业水平。

种蛋孵化复检

## 三、取得的成效

### （一）提高资源利用率方面

采用 A 型三层阶梯式笼养栋舍建设方案区别于目前国内普遍采用的单层平养模式，大大提升了土地单位面积利用率，目前单独鸡舍建设面积 1450 平方米，可养殖 8100 套肉种鸡，每平方米可养殖 5.58 只，比行业内同面积内的单层平养模式每平方米增加 1.65 只。

### （二）提高生产效率方面

肉种鸡立体笼养模式，以 10 万套规模计算，单位人均养殖量提升了 500～1000 只/人。通过精准饲养管理，严格体重控制，鸡群均匀度较好，鸡群在育雏、育成阶段良好生长发育，产蛋期极大发挥肉种鸡生产潜能，整个产蛋期套均产蛋 192～195 枚，套均合格种蛋 181～185 枚，入孵蛋健雏率 86.9%～88.1%，均达到了行业较高水平。

## 四、适合养殖规模和区域

该技术模式须根据产业总体发展需求和自身管理情况而定，目前一个种鸡场按照 10 万套父母代配置。适用于水源丰富、饲料供应充足的广大地区。

## "科技+智慧""公司+农户"开辟畜牧产业振兴新路径

——湖州市南浔温氏畜牧有限公司

**导言**：南浔温氏云北小区主要从事商品肉鸡养殖，采用H笼养鸡舍，配备先进的饲喂系统、环境控制系统、智能管理系统等，实现养殖机械化、管理数字化，较传统平养小区饲养量提升4倍，饲料节约10%～15%。

## 一、基本情况

### （一）企业简述

南浔温氏云北小区是由湖州市南浔温氏畜牧有限公司出资控股成立的畜禽规模化养殖企业，位于浙江省湖州市南浔区和孚镇云北村，占地面积153亩，项目总投资8500万元，设计存栏75万只，年上市肉鸡350万羽。获"国家级畜禽养殖标准化示范场""ISO质量管理体系认证""AAA级信用企业""市级未来牧场"等荣誉称号。

### （二）场区设计

南浔温氏云北高效智能化养殖小区共分为生产区、生活区、鸡粪处理区、污水处理区、绿化区、生产附属区等六大区域，总建筑面积28927平方米，鸡舍面积23405平方米，生活及辅助用房面积5522平方米，生产区建成15栋智能化H笼养鸡舍，实现自动喂料、饮水、照明、环控、保温等；生活区

场区鸟瞰图

配套办公室、库房、宿舍、食堂；鸡粪处理区建成一栋鸡粪发酵厂房，配置5台百吨级鸡粪发酵罐，并配套除臭系统等，每日可处理50吨鸡粪；污水处理区配置80吨污水处理站和设备，全场做好雨污分流，进行处理后用于农田灌溉；绿化区分为沿河绿化带和场内绿化；生产附属区配套有消毒防疫通道、净道、污道、自来水箱等。

## 二、主要做法

### （一）养殖建筑情况或特点

南浔温氏云北高效智能化养殖小区拥有10栋90米×16米高效笼养、5栋84米×16米高效笼养，采用保温加气块墙体＋轻钢结构，檐口高4.5米，鸡舍15栋共23405平方米，推行"笼养式"养殖模式，设计存栏约73万羽，设计产能为365万羽。

气块墙体实物图

### （二）养殖设施情况

配备先进的饲喂系统、环境控制系统、智能管理系统等，实现养殖机械化、管理数字化，从而减少人员的劳动强度。

#### 1. 饲喂系统

采用行车自动饲喂系统，涉及自动化管理、饲料添加、行车管理、投料管理以及误差微调分析等流程。通过监控行车运行情况、了解禽舍投料情况，对行车参数进行自动调整，从而减少投料误差，使饲养更精准。

自动饲喂系统

## 2. 舍内环境控制

通过水量自动监控、料量自动监控、温度探头、湿度探头、负压探头等设备，对禽舍的健康状况进行监控，实现舍内饮水、温湿度、照明等环境自动调控。

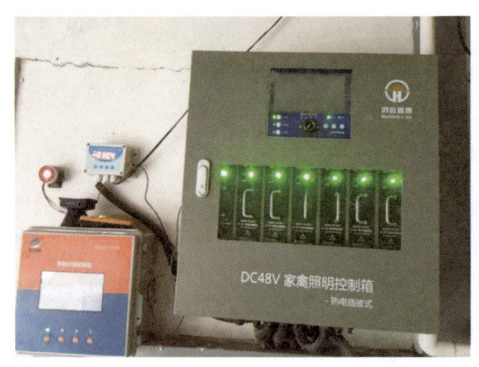

自动光照环控系统

## 3. 废弃物处理

云北小区已建成有机肥加工厂，将鸡粪转化成有机肥料，配套用于周边农业；建有污水处理厂，污水经处理，水质达中水回用标准，用于灌溉农田和浇灌草地，鸡粪和污水均变废为宝。实现畜禽养殖的可持续发展，种、养有机循环完成结合。

## 4. 动物舒适度管理

畜禽场建有清洗系统，鸡舍设计为鸡群提供必要的空间和饲喂饮水条件，使之自由活动、自由饮水、自由采食，为鸡群提供舒适的生存生长环境。

## 5. 生物安全设施

一是做好三区（生活区、办公区、生产区）分离，分级管理。二是严格执行消毒防疫措施，外来人员一律不得进入生产区，厂内职工上下班落实消毒制度，定期进行环境清扫喷洒消毒。三是在鸡舍内除疫苗免疫前后3天，其余时间通过喷淋消毒系统定点定时对鸡舍鸡群、地面、屋顶等进行消毒。四是做好病死鸡只无害化处理，专人专车进行无害化收集、存放、清理、消毒工作。五是制定科学合理的免疫接种程序并严格执行，定期对免疫效果进行抗体监测，保证鸡群实时具有免疫保护效果。

## 6. 物联网

建有数字化智能管控系统平台，建立笼架、喂料、清粪、饮水、照明、喷雾加湿、环控、控制、保温、信息10个系统，并配有相应智能化管理设施,通过数字化智能管控系统平台,建立起肉鸡养殖数字化管理应用场景,涵盖"数字化生产管理""精准投喂环境管控""温氏云北数字化板块概况"等,并已建立产业大脑贯通。

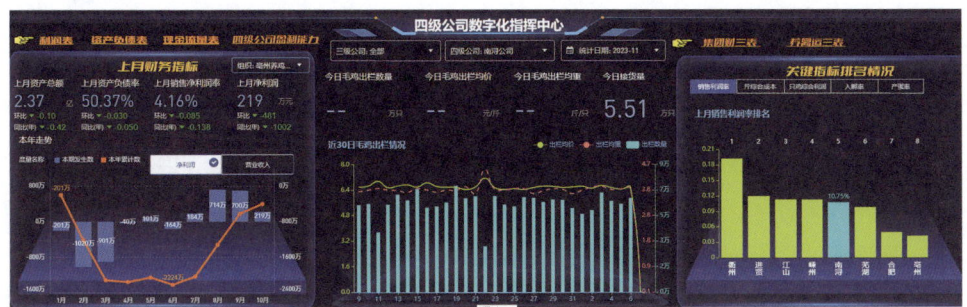

基于物联网的数字化智能管控系统平台

### (三)采取的设施养殖技术模式

本场主要采取的智能化精准饲喂技术,通过智能化控制,达到精准自动喂料的方式。通过畜禽舍环控监测系统以及智能化设备,采集和汇总养殖生产数据,进行数据分析,从而制定正确的生产决策,实现养殖过程中对肉鸡的精准感知、精准预警、精准饲养、精准管理,整体效率得到明显提升,比传统模式下的肉鸡养殖,效率提升了一倍。

## 三、取得的成效

### (一)节约资源方面

(1)土地资源利用方面。高效养殖小区相比传统平养小区,相同的饲养面积下,饲养量是后者的4倍,对于目前日益紧缺的土地资源,高效养殖小区规模化、集约化的优势比较明显。

(2)饲料利用方面。同品种的鸡群,达到相同的体重,高效养殖小区比传统鸡舍提前8~10天,相对应的饲料能节约10%~15%。

### (二)提高效率方面

温氏云北高效养殖小区建有"工厂式"干净整洁的鸡舍,与传统养殖模式相比,这里的鸡全部住在"高楼"里,通过数字化、机械化的生产手段,用工、饲料、水电等投入消耗成本减少明显,极大地提高生产效率。温氏云北小区每批次肉鸡75万羽,采用传统人工模式需要生产管理一线职工25人,现在用全自动数字化、机械化养殖设备,推广智能化养殖技术,节省劳动力成本,主要作业环节劳动力使用减少30%以上。

### (三)绿色发展方面

温氏云北小区内建有配套大型污水处理厂和粪便处理发酵罐。该污水处理厂采用现有先进成熟的厌氧、好氧生物处理工艺基础上开发出来的厌氧-CASS处理工艺,经该工艺处理后的出水的水质指标可以达到《农田灌溉水质标准》(GB 5084—2005)的规定。这种工程效益主要是由于环境改善带来一系列的经济与社会环境效益,对畜禽养殖的循环生态发展起到示范作用。

温氏云北小区内建有年产规模约12000吨有机肥加工厂,让"臭烘烘"的鸡粪变成"香饽饽"的肥料。通过这个纽带把养殖业生产中的食物链与生物加工链有机结合起来,多层次循环利用有机物资源,提高了能源和资源的利用率。使肉鸡与饲料、饲料与粪便、作物与肥料在微生物作用下,形成协调、转化、再生、增殖的绿色有机生态循环产业链,实现经济效益、生态和社会环境优美协调发展。

粪便处理发酵罐

## 四、适合的养殖规模和区域

适宜于土地资源紧张,禽肉供给需求大的地区,年上市肉鸡在400万~500万羽内为宜。

## 立体智能有机结合　种养循环绿色发展
——韶关立华种鸡、孵化二场标准化养殖场

导言:韶关立华牧业有限公司种鸡、孵化二场采用叠层式笼养,配备有自动化环境控制系统、自动饲养管理系统,集成有种蛋捡拾、照蛋分选、孵化出雏的全过程自动化设备,配套粪污资源化利用设施,劳动生产效率提高35%,沼气年发电量4800兆瓦。

## 一、企业基本情况

### （一）企业简述

韶关立华牧业有限公司，成立于 2018 年，位于广东省韶关市翁源县官渡镇，是一家涵盖家禽育种、孵化、生态养殖、饲料加工、禽病技术研究等多业并举的省级农业产业化龙头企业，荣获"翁源县农业龙头企业""韶关市农业龙头企业"和"广东省农业龙头企业"等荣誉称号。公司现有员工 246 人，其中大专及以上畜牧兽医相关专业人员有 28 人。公司 2022 年实现年上市销售商品肉鸡 3000 万羽，创收达 9.4 亿元，辐射带动周边农户发展养鸡行业，实现增收致富。韶关立华牧业有限公司种鸡、孵化二场现有长期驻场员工 87 人，其中，大专及以上畜牧兽医相关专业人员有 9 人，养殖专业技术支持有力，对保障公司养殖生产安全和促进技术创新具有重要作用。

### （二）场区平面设计

韶关立华牧业有限公司种鸡、孵化二场位于韶关市翁源县官渡镇镇仔村委，占地面积为 244 余亩，投资约 1 亿元，种鸡场建设共有高标准自动化鸡舍 21 栋，其中后备鸡舍 4 栋，产蛋鸡舍 14 栋，公鸡舍 3 栋，常年存栏种鸡约 28 万套，年产种蛋约 4000 万枚，产苗 3500 万羽。场区划分为产蛋区、孵化中心、后备区、沼气发电区及办公生活区等功能区。

韶关立华牧业有限公司种鸡、孵化二场场区平面图

产蛋区：建有高标准自动化鸡舍 17 栋，其中产蛋鸡舍 14 栋、公鸡舍 3 栋，已实现智能化、自动化养殖设施集成应用。

孵化中心：已应用自动捡蛋机、自动照蛋机械臂、巷道式孵化机、红外断喙注射一体机等自动化设施，实现完整的自动化生产线。

后备区：建有高标准自动化后备鸡舍 4 栋，因后备鸡养殖需求鸡舍面积略小于产蛋鸡舍，已实现环境控制和层叠式智能养殖设施集成应用。

沼气发电区：建有沼气池、一级沉淀池、二级沉淀池、阳光棚、发电机房等粪污资源化利用的沼气发电配套设施。

办公生活区：员工行政办公区域和宿舍生活区域，位于生产区外侧，并有围墙隔开，在生产区的入口处设有消毒间、更衣室与消毒池。

## 二、主要做法

### （一）养殖建筑情况或特点

韶关立华种鸡、孵化二场的畜禽圈舍、饲养和环境控制等生产设施设备均满足标准化生产需要。墙体材料为轻质环保砖，符合养殖所需的保温、隔音、防潮防火等要求；屋顶材料为彩钢夹芯瓦，具有防水、抗风和保温隔热等功能属性。

主要生产场所和环节配备实时监控设备、自动喂料、自动饮水、环境控制等现代化装备。同时应用了节水、节料等智能化、立体式、可持续性的环保养殖设施，实现源头减量，配套建设有完善的畜禽粪污处理和资源化利用设施。

### （二）养殖设施设备情况及生产技术模式

韶关立华种鸡、孵化二场采用现代化农业养殖的智能化路径，实现立体化养殖与数字化、智能化设施有机结合，通过对肉鸡饲养管理技术、节粮饲料技术、疾病防控技术等的系统综合应用，提高养殖效能和效率，同时集成粪污收集和资源化利用技术实现种养循环、节能减排的新型农业养殖范式实践。

#### 1. 自动化精准环境控制系统

以智慧养殖监控平台为核心，配合温湿度传感器、电参数采集模块、智能控制柜、无线通信模块等智能硬件，对圈舍的温度、湿度、风速、气压、空气质量等要素进行监测与控制，通过对圈舍通风、温控、光控、消毒、环境监测、视频监测、粪便清理等设施设备综合集成，实现饲养环境自动调节，养殖过程的自动化、智能化和精细化管理。

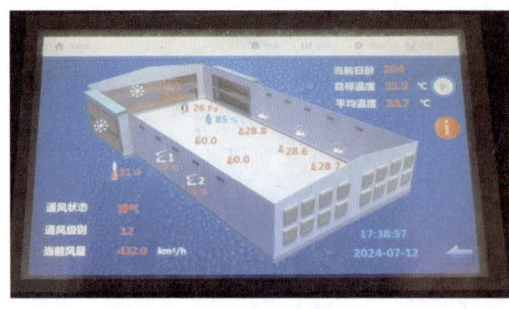

环境控制系统

自动喷雾设备

第二部分 畜禽标准化规模养殖典型案例

粪污自动清理转运机　　　　　　中央集粪带

**2. 立体层叠式自动精准饲养管理系统**

集喂料、供水、集蛋功能于一体，通过立体式叠层式笼具，有效提高单位土地面积的产出，同时减少对土地的占用。完全装填启动后能够支持1.9万～2.3万羽鸡的1日的饲养投喂，通过数字化管理和智能调整，实现精确的饲料投放和分群管理，有效降低饲料浪费，提高饲养效率，减少人工操作。

精准喂料设备　　　　　　　　　育雏鸡舍笼架

**3. 种蛋捡拾、照蛋分选到孵化出雏的全过程智能化**

集成多种智能化设备，形成完整的自动化生产线，实现从种蛋捡拾、照蛋分选到孵化出雏的全过程自动化，实现对禽蛋孵化率和生产效益的提升。

自动捡蛋机

自动照蛋机械臂

巷道式孵化机

红外断喙注射一体机

### 4. 粪污资源化利用设施

韶关立华种鸡、孵化二场建设有污水处理设施和鸡粪沼气发电配套设施，实现了粪污的多环节联动和智慧化管理，解决养殖污水对地下水和周边环境的破坏问题，鸡粪发酵发电后的沼液沼渣用作场内绿化种植的有机肥料，实现"零排放"的内循环。

污水处理站

黑膜沼气池

粪污沼气发电配套设施

## 三、取得的成效

### （一）节约资源方面

韶关立华种鸡、孵化二场通过优化配置养殖设施设备，采用多层叠层式的笼具，相比传统的平面养殖，可以显著增加每栋鸡舍的饲养量，使得单栋鸡舍的饲养量能达到2.6万羽。粪污沼气发电装机容量0.8兆瓦，年发电量4800兆瓦，实现了多形式环保能源的补充，减少环境污染，实现可持续发展。

### （二）提高效率方面

韶关立华种鸡、孵化二场通过智能自动化精准环境控制系统，结合种蛋捡拾、照蛋分选和孵化出雏全过程自动化共同构成了韶关立华种鸡、孵化二场的智能化养殖设备的应用模式，确保了家禽既得到持续和均匀的照料，又使得劳动生产率提高了35%，以新质生产力发展，助推畜牧业现代化转型升级。

### （三）绿色发展方面

粪污沼气发电设施能够年产480万立方米沼气用于发电，不仅实现了能源的回收利用，有助于减少对能源的单一依赖，还减少了温室气体排放，符合绿色低碳发展的要求，同时沼气发电产生的沼渣和沼液作为有机肥料，用于场区内种植绿化，形成了场区内种养循环，提高了养殖的可持续性；并且通过集中处理鸡粪，减少了病原体在环境中的传播风险，保障了养殖业的生物安全。

## 四、适合的养殖规模和区域

韶关立华种鸡、孵化二场的立体化层叠养殖与种蛋孵化一体式养殖模式适用于中大规模养殖场。

## 精准饲喂笼养系统　促进现代养禽业发展

——陕西得康生态农业科技有限公司

**导言**：陕西得康生态农业科技有限公司主要从事良种蛋鸡饲养，采用H型叠层式笼养设备，集成精准营养模式、"四位一体"的全进全出模式、自动料线和无滴漏饮水的节能模式、自动化和智能化通风降温控湿模式以及全自动清粪和有机肥加工技术模式，平均产蛋率达到98.9%，单栋10万羽鸡舍仅需配置2名饲养人员，每年可节约人工成本360多万元。

## 一、企业基本情况

### （一）企业简介

陕西得康生态农业科技有限公司是一家民营企业，成立于2016年12月，现有员工51人，其中本科以上10人、大专5人、中专4人。公司位于蓝田县三里镇乔村，占地200亩，总投资1.3亿元。采用现代全封闭式养殖方式，饲养海兰褐、海兰灰、京红等良种蛋鸡60万羽，日产鲜蛋33吨，创建了"蛋蛋娃"品牌。2023年实现销售收入6518万元，利润416万元。公司先后获得"市级现代农业园区""西安市农业产业化重点龙头企业""陕西省AAA级信誉单位""陕西省行业十佳品牌企业"等荣誉称号。

### （二）场区平面设计

场区建设有生产区、办公区、生活区、保障区和污水处理区，生产区包括饲料加工区、养殖区、生产区、有机肥加工区、消毒区、生物安全防疫区；办公区配套办公楼；生活区建有职工宿舍、食堂；保障区有配电室、供水系统、警卫室。污水处理区建有污水处理系统。

场区设计图

## 二、主要做法

### （一）养殖建筑情况及特点

蛋鸡舍为大跨度钢构结构，每栋鸡舍长 105 米，宽 15 米，高 7.5 米，面积 1575 平方米，地面采用防水防渗漏 20 厘米混凝硬化，鸡舍内配备笼体、笼架、自动喂料、自动饮水、自动集蛋、通风降温及自动清粪设施。

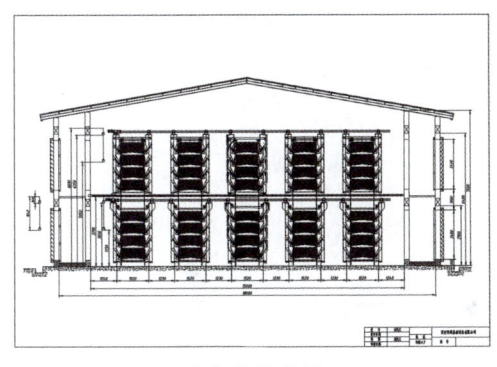

鸡舍建设参数

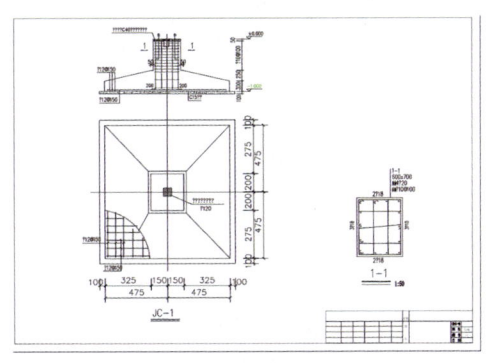

鸡舍独立基础图纸

### （二）养殖设施设备情况及生产技术模式

**1. 养殖设施情况**

生产区设有车辆和人员消毒通道、7 栋大跨度钢结构、全封闭式标准化鸡舍，舍内为 H 型自动化立体 5 列 5 层、5 列 8 层叠层式笼养设备，配备自动光照系统、自动通风降温系统、自动投喂料线系统、自动蛋品收集系统和履带式清粪系统。配套建设 50000 吨生产能力的专用饲料加工车间、1500 平方米蛋品库，解剖室、防疫室、药品存放室、消毒喷雾间等功能区。建有粪污处理车间、污水处理系统和有机肥生产加工车间，配备清粪装载机、罐式发酵罐、玻璃钢污水罐以及有机肥加工设备。配备全天候无死角监控系统和数据物联搭载系统。

（1）智能化标准化全封闭式鸡舍。H 型叠层式笼养为 4～6 列，层数 4～8 层，长度 90 米。每组笼长度为 2400 毫米、宽度为 1144 毫米，每层高度 600 毫米，每组笼饲养 256 只鸡，每单笼饲养 8 只鸡。

H 型叠层式笼舍

（2）智能化内环境控制系统。鸡舍采用风机和水帘强制通风，安装了 AC-2000 环境控制器，可以随时监测室内温湿度、氨气浓度、光照和通风风机风速，能够按舍内空气环境控制参数要求实现自动调节，确保蛋鸡生活在舒适的环境下。

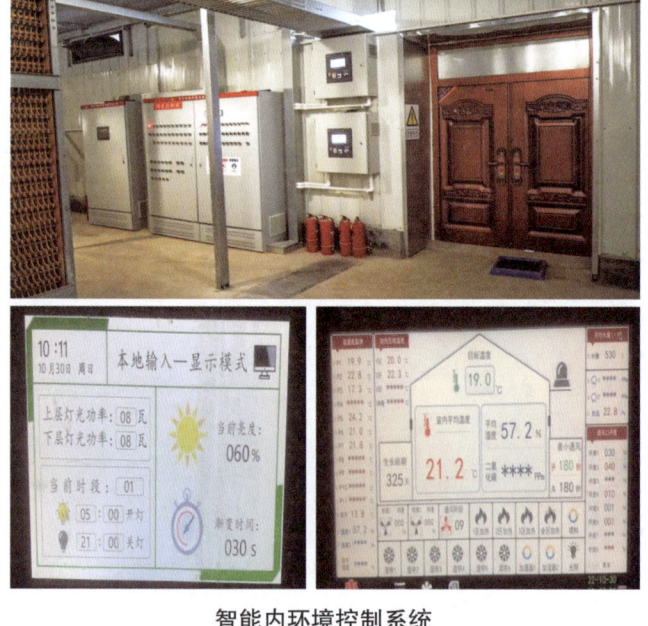

智能内环境控制系统

（3）饲料加工及投送设施设备。公司配套建设专用饲料生产加工车间，设有饲料加工区、原料存储仓、饲料成品贮存间、饲料原料库、检验室、运输管线、运输车辆等设施设备，总建筑面积1570平方米，年产自配料50000多吨，满足了整个养殖园区的饲料供给。

饲料加工机组

料塔及饲料传送线

（4）自动投喂料和给水系统。采用整套行车料斗自动喂料，通过带轮和机械电机控制，适宜于不同日龄蛋鸡饲喂要求。整套饮水系统配有过滤器和自动加药器，设备每层都有饮水控制线，配置重锤式乳头饮水器、V型接水槽、乳头式自动饮水器，出水量适宜，没有泄漏，适合在水中添加药液，除垢方便。

自动喂料系统

自动饮水系统

（5）集蛋系统。集蛋系统采用输送带集蛋，可以实现多层同时集蛋，具有收蛋速度快、运输顺畅、破蛋率低、无噪声等特点。

（6）粪污收集处理设施设备。配置有粪污发酵全套设备，可通过生物发酵将废弃物加工为有机肥。有机肥生产线可日处理40万羽鸡只的鸡粪，生产有机肥300立方米。该设备有6方面特点：一是采用高温杀菌技术，耗能低，运行成本低；二是占地面积小，自动化程度高，1人操控即可完成发酵处理全部过程；三是除臭效率高，可净化气体至达标排放，不产生二次污染；四是设备与物料接触部位采用不锈钢材质，耐腐蚀，寿命长；五是全保温设计＋辅助加热装置，确保低温环境下设备正常运行；六是处理量大，适用性广，对各种湿度的不同畜禽粪便都有很好的通用性。

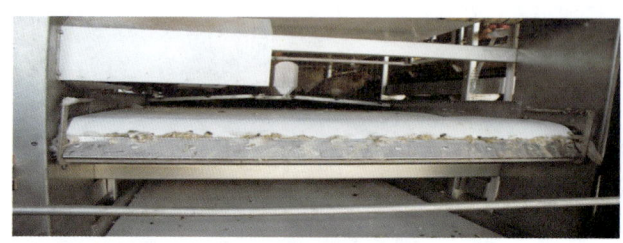

清粪设备

粪污发酵处理设备　　　　　　　　粪收集传输设备

### 2. 生产技术模式

（1）精准营养。按照蛋鸡不同阶段的生长需要和生产需要设计精准日粮配方，饲料生产加工车间按照配方设计生产饲料产品，经化验室检验合格后，由料车运送至料塔，再由自动化投喂料设备送达喂料槽供给采食，实现了蛋鸡饲养的科学化和精准化。

（2）"四位一体"的全进全出模式。"四位一体"即全面消毒、引进筛选、科学分群和饲养管理。一是严格消毒。每批蛋鸡出栏后，按照消毒程序和方法对鸡舍、用具、器械进行全面彻底清洗、消毒，空隔1周。二是按照"海兰褐""海兰灰""京红"育雏、育成、青年鸡的个体选型标准引进群体。三是依照不同品种、不同阶段制定配方全价饲料，确保营养供给。四是按品种和生长阶段科学分群，强化饲养管理，全进全出。

（3）自动料线和无滴漏饮水的节能模式。一是饲料精细化投放。将饲料加工的成品饲料及时输送至料塔里，料塔按需要量进行称重，自动分配，由传送带精准投放到料槽，供鸡采食。二是采用无滴漏饮水系统，实现了节水。引进锥阀式饮水系统，满足鸡饮水需求，无渗漏，避免了水资源浪费。

（4）自动化和智能化通风降温控湿模式。鸡舍采用智能化通风降温控湿系统，能根据蛋鸡温湿度需求和有害气体控制线，自动调节鸡舍内的温度、湿度、通风换气量以满足鸡只生长、生产的最佳条件。

（5）全自动清粪及有机肥加工技术模式。鸡舍采用履带式全自动清粪系统，及时将舍内鲜鸡粪输送至鸡粪发酵罐内，加入辅料和发酵菌，经过高温罐式发酵处理后变为有机肥原料，再经有机肥加工生产转化成有机肥还田利用。

## 三、取得的成效

### （一）节约资源方面

（1）节约土地。采用多层立体笼架，最大限度地利用了垂直空间，相比传统养殖模式，相同面积的土地养殖量提高了3~5倍。

（2）节约饲料。采用自动化投料系统，实现了精准供料，减少了饲料浪费，一只鸡每年可节约饲料3.6千克，每年减少经济损失10元/只。采用自配料模式，相比采购商品饲料每吨节约成本800元，全年节约40万~60万元。

（3）节水。采用无滴漏锥阀式饮水设备，满足鸡只饮水需求且无渗漏，保持鸡舍干燥，减少细菌传播；湿帘降温系统通过水的循环利用，达到适宜的养殖温度，每年可节约用水500吨。

（4）节能。养殖场配置多种传感器及自动化控制系统。自主调控电气设备运行状态，实现对温湿度、风量及光照等的精准控制，减少了电能损耗。

### （二）提高效率方面

（1）降低人工成本。采用智能化养殖、自动投喂料线、自动蛋品收集和履带式清粪等系统，降低了劳动密集度，节约劳动力67人，单栋10万羽鸡舍仅需配置2名饲养人员，每年可节约人工成本360多万元。

（2）提高单产水平。通过自动化控制系统，降低了鸡只死淘率，提高产蛋率，平均产蛋率达到98.9%。

（3）提高饲料利用率。通过订单生产、定时定量自动饲喂，确保料槽饲料均匀，减少饲料污染，提高了饲料利用率。

### （三）绿色发展方面

（1）资源化利用。养殖场粪污处理系统配备有机肥发酵罐设备两套，通过添加专用微生物菌群，将畜禽粪污、尸体经高温发酵，将畜禽粪污转化为有机肥再次利用，避免了对环境的污染，同时还节约了资源。

（2）种养结合。公司坚持生态的可持续发展理念，实践种养结合模式，种植农作物100余亩，将粪污无害化处理后还田，实现养殖场粪污零排放，不仅提高了生产效率，还显著改善了蛋鸡的养殖环境，减少了环境污染，也为市民提供质量上乘、安全有保障的鲜鸡蛋。

## 四、适合养殖的规模和区域

适合于我国北方大部分地区，养殖规模在20万羽以上的蛋鸡养殖场。

## 全链条驱动　智慧化先行

——青海化青生物科技开发有限公司

**导言**：青海化青生物科技开发有限公司主要从事蛋鸡生产，配备有自动化喂料系统、饮水系统、环境控制系统、集蛋系统等，实现50万羽商品蛋鸡每年节粮3000吨，收益增加500万元。

## 一、企业基本情况

### （一）企业简述

公司创建于2008年11月，养殖基地位于青海省循化县查汗都斯乡中庄村，现有职工300余人，是一家集家禽养殖、饲料加工、家禽屠宰、食品加工、肥料生产、连锁销售为一体的现代化全产业链融合开发企业。2023年存栏蛋鸡50万羽，年产鲜鸡蛋1万吨，年产肥料3万吨，产值1.1亿元。获得"全国五一劳动奖状""农牧业产业化省级重点龙头企业""青海省'专精特新'中小企业"等一系列荣誉称号，公司"安晟"牌商标被评为青海省著名商标。

### （二）场区平面设计

整场分为人员生活办公区、养殖生产区、饲料加工区、有机肥生产区；区与区之间设置自动人员和车辆消毒系统，确保整场生物安全。养殖区现有标准化蛋鸡舍8栋，中央蛋库2栋，净道污道分离，设置专用自动化消毒通道。饲料加工区配备有饲料原料存储仓体，配备专业的通风系统，有机肥生产区配备前期发酵罐发酵鸡粪，整个生产线采用自动化、数字化流水线工作，既能保证高效，也能保证产品的稳定性。

场区鸟瞰图

## 二、主要做法

### （一）养殖建筑情况及特点

鸡舍采用负压控制，密闭性好；侧墙板和屋顶使用双面彩涂镀铝锌板80mm PU（38千克/立方米），鸡舍采用内平式无死角设计，导风性良好。

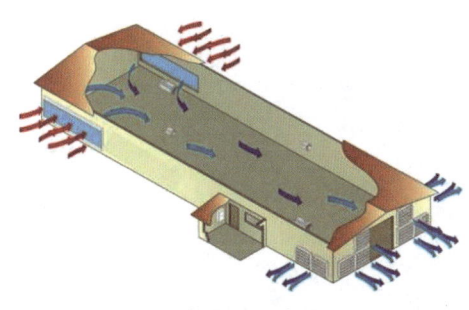

鸡舍通风示意图

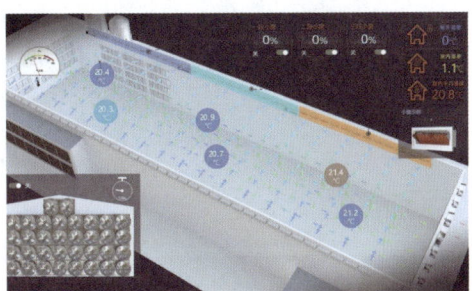

鸡舍环控主机界面

### （二）养殖设施设备情况及生产技术模式

**1. 养殖设施设备情况**

（1）饲料加工生产设备。配备专业的钢板仓和全自动化饲料加工设备，自带自动化通风系统。

**自动饲料加工及存储设备**

（2）自动化喂料设备。饲料通过全自动化塞盘自动传输到每栋鸡舍分料塔，避免二次污染；分料塔下面配备自动称重系统，能够统计单栋鸡舍每日采食量，同时数据接入数字化智能系统，能够做到智能分析采食量，当采食量异常时，能够预警鸡群健康状况出现异常，确保生物资产安全。

塞盘式

鸡舍喂料系统

鸡舍内部饲喂采用行车喂料系统,实行全自动化无人值守横斜向加料,全自动化喂料;配备平料器,保证每只鸡采食的均匀性,配备收料器、除尘刷,做到喂料系统自身的清洁卫生。

(3)自动化饮水系统。实现自动饮水,调节水压,臭氧消毒,记录饮水量等功能,同时接入数字化管理系统,可自动进行饮水分析,饮水异常时及时预警,保证鸡只安全;任何一根水线缺水都会及时报警,同时自动高压补水,保证鸡只饮水充足。

- 合理的均料器设计与料槽角度完美配合,有效清除料槽外缘料食,而不发生堆积现象,让鸡只吃到新鲜健康饲料,均料效果达到国际先进水平

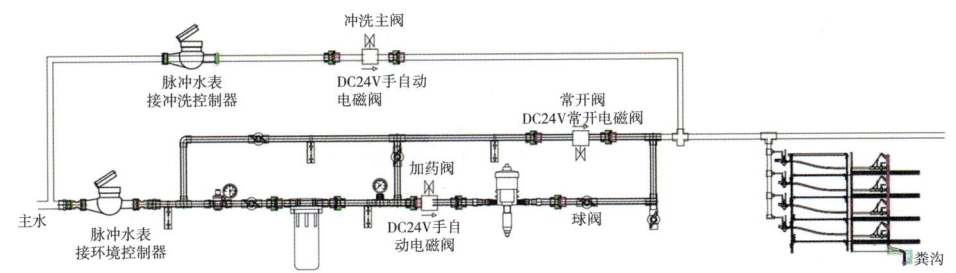

鸡舍自动饮水系统

(4)自动化环境控制系统。环控系统采用双脑智能环控,外加机械式温控,确保鸡舍内部环境控制的稳定性。

通风控制:根据康达原理设计,小窗单双开启控制,搅拌风机控制,通风无死角。温度控制:20路温度采集+目标温控模式,保证鸡舍温度均匀,实现恒温控制。应急风机控制:当出现主控故障时,应急控制系统自动启动4组风机,为故障处理争取时间。应急警报控制:应急控制的同时,还有断路、短路、高低温报警,提醒管理人员及时处理故障。应急系统独立电源:12V-7AH蓄电池自动充放电管理,避免停电而无法工作。

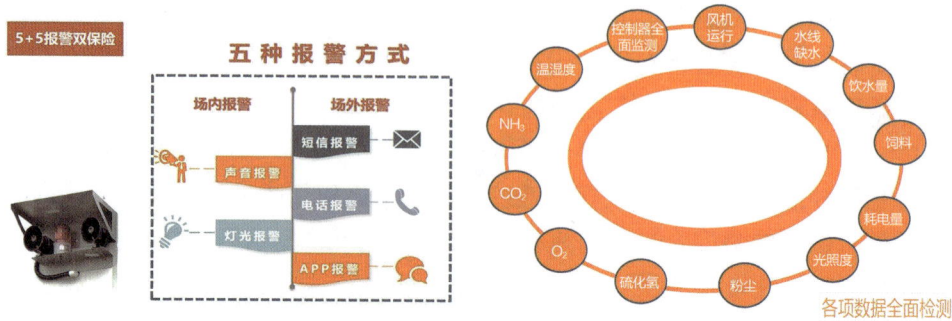

鸡舍温控报警系统

（5）自动化照明系统。采用蛋鸡最适宜的暖白光（约300k色温），使用定制化照明系统，鸡舍上中下层光照均匀度一致，降低死淘率，提高产蛋率。

（6）自动化清粪系统。整场鸡粪不落地，鸡粪直接落在粪带上，通过传输带直接进入发酵罐高温发酵，发酵出来的半成品有机肥通过输送线自动传输到有机肥车间，生产符合国家标准的有机肥。全程自动化控制，无人值守。

自动化清粪系统

（7）自动化集蛋系统。整场配备中央集蛋系统，视觉鸡蛋计数系统，鸡蛋自动分级打包系统，自动喷码系统，自动干刷除尘涂保鲜液系统，保证蛋品清洁卫生。

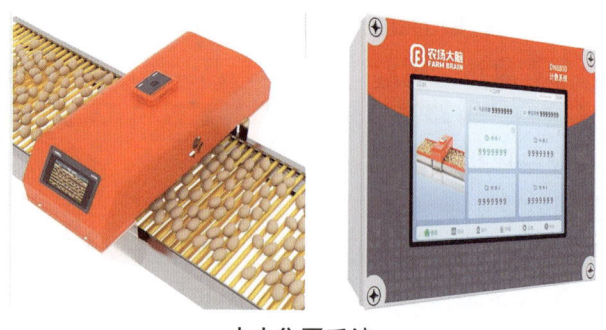

中央集蛋系统

第二部分　畜禽标准化规模养殖典型案例

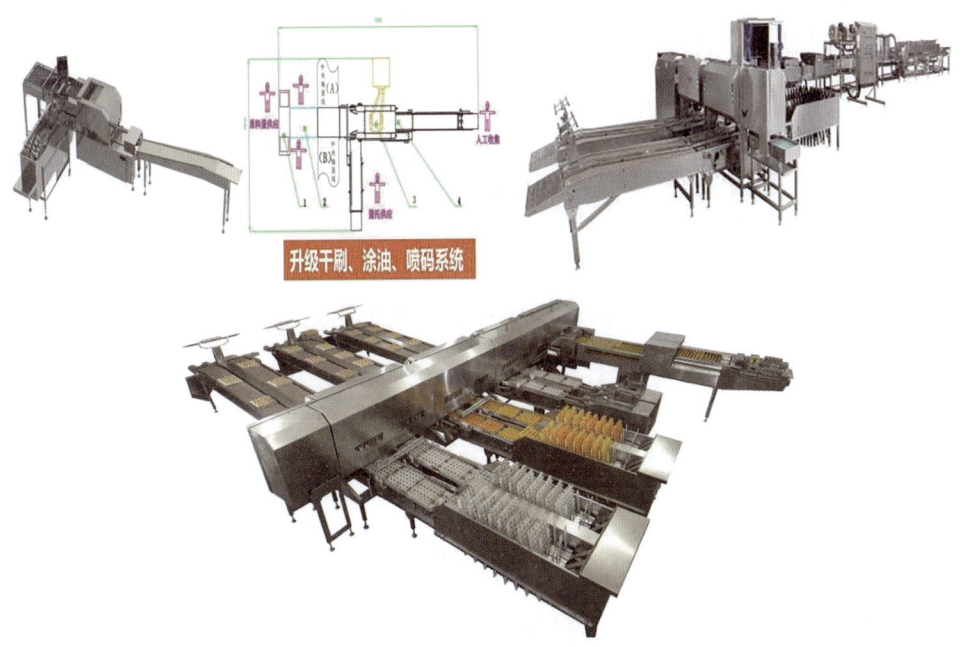

鸡蛋自动分级打包系统

（8）检测系统。本场配备自动体重测量，血清分离，抗原抗体检测设备，原料检测设备，每周对1%群体进行性能测定和抗原抗体检测。

（9）消毒系统。分为人员消毒通道，车辆消毒通道，带鸡消毒高压喷雾线，不同功能区之间设置人员和车辆消毒通道，鸡舍耳房设置人员踩踏消毒盆，鸡舍里面布局洒水消毒设备，对整个地面进行洒水消毒。

## 三、取得的成效

### （一）节约资源方面

通过蛋鸡立体化养殖，能做到鸡舍内平均每平方米占地面积饲养50羽蛋鸡，做到土地资源利用率最大化。通过强制换羽技术，让蛋鸡使用周期变长，不用更换青年鸡，该场50万羽商品蛋鸡每年节粮3000吨。

### （二）提高效率方面

通过智能化数字化养殖，鸡舍的温度、湿度、有害气体浓度等指标始终维持在最合理、最舒适的环境中，跟传统蛋鸡养殖比，平均一只鸡能增加1千克产蛋率，按照10元/千克计算，每只鸡增加10元收益，50万羽每批鸡增加500万元收益；通过数字化智能化升级改造，一个饲养员能管理10万羽商品蛋鸡。

### （三）绿色发展方面

通过自动化清粪系统，鸡粪直接进行好氧高温发酵二次加工，变废为宝，为当地瓜果种植、粮食种植、林草种植提供了优良的有机肥。

## 四、适合的养殖规模和区域

此模式适合于养殖规模单场 10 万～300 万羽蛋鸡养殖场，适用于全国所有区域。

# 水禽鹌鹑篇

## 基于蛋鸭特性的立体生态笼养新模式

——金华金婺农业发展有限公司

**导言**：金华金婺农业发展有限公司主要从事蛋鸭养殖，建设有隧道式负压通风式全封闭鸭舍和适于鸭半干旱养殖模式的半开放式鸭舍，配备有饲料发酵系统、自动喂料系统、饮水系统、洗蛋系统等，与传统水养模式相比，每只蛋鸭平均养殖效益增加20元。

## 一、企业基本情况

### （一）企业简述

金华金婺农业发展有限公司成立于2017年，位于金华市婺城区乾西乡栅川村，占地460余亩，是浙江省单体规模最大的蛋鸭养殖场。公司总投资0.5亿元，建有标准化鸭舍和研发中心3.2万平方米，年供应鲜蛋2000吨，近三年产值达1.2亿元。公司先后被评为"国家高新技术企业""浙江省美丽牧场""浙江省首批抗生素减量化示范场""浙江省科技型中小企业""浙江省创新型中小企业""金华市农业龙头企业"等。公司着重标准化、绿色化、规范化建设，获得了无抗生素产品认证、良好农业规范认证，坚持走品牌之路，已经注册商标"冯小鸭"，建立了产品追溯体系。婺城鸭蛋和婺城老鸭两个产品获得农业农村部"名特优新"认证，获得"品字标浙江农产"认证，获得无抗养殖认证。

### （二）场区平面设计

蛋鸭场占地360余亩，建有科学散养标准化鸭舍31000平方米，自动化无人养殖鸭舍1000平方米，育种鸭舍900平方，发酵饲料车间600平方米，产品初加工车间600平方米，包装车间200平方米，鸭蛋老鸭冷藏储藏中心800平方米，秸秆利用仓库400平方米，管理及员工宿舍600平方米，物资仓库600平方米，管理用房600平方米，绿化面积60余亩；配有14.4万吨污水处理能力系统，每小时1万枚全自动蛋品保洁生产线，兽医室、化验室、消毒池、消毒通道等防疫配套附属设施齐全。

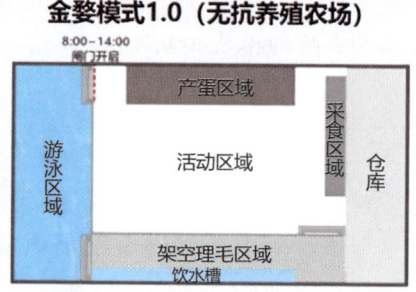

**场区鸟瞰及平面设计示意图**

## 二、主要做法

### （一）养殖建筑情况或特点

#### 1. 自动化无人鸭舍

采用隧道式负压通风式全封闭鸭舍，鸭舍呈东西走向，在两端的墙上安装湿帘和大功率风机，通过隧道式纵向通风来除去舍内的臭味和热量。另外，在南北长墙上设自然通风口以进行冬季通风。鸭舍屋顶采用白灰色0.5毫米厚的彩钢瓦，吊顶瓦则采用白灰色0.4毫米厚彩钢瓦。而鸭舍主体墙面板外部为双面0.4毫米厚的白灰色彩钢板，内部则采用厚度为40毫米的聚氨酯芯材。鸭舍墙体及屋顶所用材料均具有防火、隔热、易冲洗、耐腐蚀的效果，且外围结构可保温隔热、防风雪、防鼠害、防鸟。

#### 2. 科学散养标准化鸭舍

根据浙江省气候特点，建设适于鸭半干旱养殖模式的半开放式鸭舍。共建有育成、后备、产蛋鸭舍 12 栋，建筑面积约 3.2 万平方米。采用半网半旱养模式，使蛋鸭既可以接触到阳光和新鲜空气又能避免恶劣天气带来的影响，对自然环境污染相对较少，便于卫生防疫。

**散养标准化鸭舍**

### （二）养殖设施设备情况

#### 1. 喂料系统

采用料槽喂料，料槽安放在网床区，料槽底下有向四周延伸出 50 厘米宽的塑料底盘，防止饲料浪费，在食槽或料盘内保持昼夜均有饲料，做到少喂勤添，随吃随给，保证料槽内常有料，余料又不过多。

**自动喂料系统**

#### 2. 饮水系统

采用水槽式饮水，水源取自天然的山泉水经过滤装置过滤，不仅可清除水中的泥沙及大颗粒悬浮物，也可吸附水中的细菌微生物。由水龙头连续开放供水，让其细水长流，基本上以水槽内保持 1/3～2/3 水深为宜，另外在水槽末端槽壁上缘开一小缺口，让槽内水过多时由此流出，水槽设在排水沟上，以便使溢出的水能流入沟中，沟上铺铅丝网或木条。

#### 3. 饲料发酵系统

基于饲料恒温发酵和菌种优化等技术，使绿色无抗益生菌饲料利用有益微生物对饲料原料进行发酵,形成营养丰富、适口性好、活菌含量高的饲料。

**饲料发酵系统**

#### 4. 智能监控生产管理系统

配备智能监控生产管理系统,饲养员可随时观察舍内情况,同时使用鸭场生产管理系统,实现养殖一体化。

#### 5. 洗蛋系统

鸭蛋保洁,实现蛋体调整、清洗、烘干、灭菌、保护膜喷涂、裂纹检测、称重分级、喷码、包装等程序。

**洗蛋系统**

#### 6. 养殖废水治理系统

采用三级沉降池处理方式,年处理14.4万吨污水系统,建设污水处理后循环使用系统,实现养殖污物零排放。通过发酵后鸭粪还田利用,提高生态效益。

#### 7. 种养结合绿色养殖模式

秸秆回收到农场做垫料使用,待老鸭出售后,秸秆和鸭肥通过长时间的融合和自然发酵,形成有机肥,有机肥回田,改良土壤,增加土壤有机质,实现种养结合循环生态可持续。

### (三) 采取的设施养殖技术模式

**1. 基于蛋鸭特性的笼养层叠技术**

(1) 设施组成。层叠式笼养适合大中型养殖场，全封闭式鸭舍，设备主要包括新型智能笼养设备、集成自动喂料、光照控制、环境控制、自动清粪以及自动捡蛋系统等。

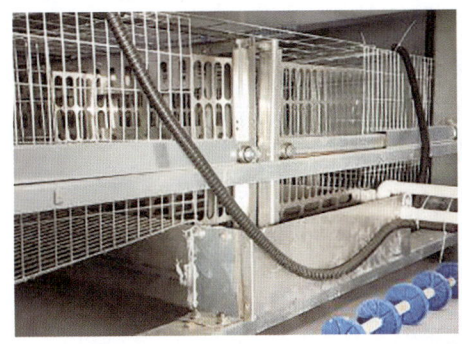

层叠式笼养系统

(2) 使用方法。笼养蛋鸭选择体型小、成熟早、耗料少、产蛋多、适应性强的品种，如绍鸭、山麻鸭和金定鸭等。鸭笼采用重叠式，4～6层，每笼饲养产蛋鸭2只。将饲养90～100日龄体质健壮且经免疫接种的青年鸭上笼，上笼时间最好选择在晴天，切忌雨天上笼。上笼后的第1周是饲养管理的关键时期，要教会鸭子自动饮水。具体方法为，将鸭喙放在饮水处半分钟左右，每日3次。

**2. 蛋鸭半旱养模式**

(1) 设施组成。半旱养模式适合中小型养殖场。鸭场由栏舍、运动场、人工水池、牧草消纳地组成，其中栏舍、运动场均由网床组成，采取网上养殖，网孔2.5厘米，网架高度40厘米。鸭舍高度2.8～3米。

(2) 使用方法。在栏舍内放置障碍性蛋窝，蛋窝呈长方形，四周高15厘米，窝内铺设10厘米厚草料，并保持整洁。游泳池呈四方形或者正方形，

半旱养模式

池壁由砖墙砌成，底部水泥处理防漏，与运动场相接，池深40厘米，冬季3天换水1次，夏天1天换水1次，人工水池中，每1000羽蛋鸭1天约5吨排放水量，排放浓度为COD 900毫克/升，氨氮60毫克/升，池水均可直接通过牧草消纳地解决。通过该技术可节省人工70%、垫料98%、兽药90%。

运动场、栏舍网下鸭粪要利用不同饲养批次间的间隔期予以清理。一般运动场和舍内2批清理1次鸭粪，鸭粪加工有机肥，或者堆肥发酵后直接供给蔬菜水果种植基地等。要积极利用运动场雨污水、游泳池废弃水种植黑麦草等牧草，补充蛋鸭营养需要，也可节约成本。亦可利用鸭场废水种植苗木。10000羽存栏蛋鸭应当配有2000平方米的水田或池塘用于开展水产养殖或种植水生植物以消纳产生的污水。

## 三、取得的成效

### （一）节约资源方面

全场实行资源化综合利用，养殖污水、畜禽排泄物通过处理后循环利用。实行雨污分离，鸭舍垫料提供给本地种植瓜果蔬菜基地。鸭舍设有专门的游泳池，养殖用水采取工业化处理，经净化循环用于种植区域浇灌。污水循环利用工艺大大降低了污水对环境的危害，既满足了鸭场的生产又保护了自然环境。每栋鸭舍鸭肥每年可为企业创造3.6万元的盈余，全场带来年36万元的收益。种植基地施用自制有机肥，年节约购买化肥成本20余万元，经济效益明显。

### （二）提高效率方面

采用蛋鸭益生菌发酵饲料半旱养新模式，与传统水养模式相比，旱养技术开产时间提早21.2天，全期产蛋量提高6.1%，采食量平均下降12.3%，产蛋期成活率提高2.4%，鸭蛋洁净度提高5%以上，每只蛋鸭平均养殖效益增加20元。

### （三）绿色发展方面

在蛋鸭的养殖过程中通过鸭场选址与布局、设备与设施、饲养管理、疫病防控、管理制度、环境保护等方面的控制，达到鸭蛋产品无抗菌药残留，保证了鸭蛋产品的质量安全。

## 四、适合的养殖规模和区域

立体生态笼养新模式主要适用于土地资源紧张、对生态环境敏感地区的中大型规模蛋鸭养殖场（蛋鸭存栏量20000羽以上，占地10亩以上，圈舍的建筑面积占养殖场总建筑面积的70%～80%），适宜全国推广。

# 标准化引领探索现代化鹌鹑养殖新模式

——湖南咚咚现代农业发展有限公司

导言：湖南咚咚现代农业发展有限公司主要从事鹌鹑蛋生产，采用层叠式笼养设备，配备全套喂料系统、饮水系统、捡蛋系统、清粪系统、环控系统，土地利用率提高10倍，生产效率提升15%。

## 一、企业基本情况

### （一）企业简述

湖南咚咚现代农业发展有限公司成立于2022年7月，位于湖南省岳阳市平江县三阳乡，占地面积170亩，是一家专注于鹌鹑养殖与无抗鹌鹑蛋生产的企业。公司当前存栏鹌鹑300万羽，年产蛋量可达1万吨，年产值1.4亿元。自成立以来，公司始终秉持"绿色、健康、可持续"的发展理念，致力于为广大消费者提供高品质、无药残、可生食的鹌鹑蛋产品。

### （二）场区平面设计

公司场区依据功能划分为综合办公区、生活区、养殖生产区以及有机肥生产区，各区设备设施完善、功能明确，彼此相对独立。

场区鸟瞰图

## 二、主要做法

### （一）养殖建筑情况

公司建有综合办公楼 1 栋，产蛋鸟舍 13 栋，育雏鸟舍 2 栋，蛋库 1 个，有机肥车间 1 个，配套集中除臭系统、污水处理设施和冷库。

### （二）养殖设施设备情况及生产技术模式

#### 1. 养殖设施情况

育雏采用 6 列 4 层鹌鹑笼养设备，产蛋采用 6 列 6 层鹌鹑笼养设备，均配备全套喂料系统、饮水系统、捡蛋系统、清粪系统、环控系统。养殖全程采用自动化管理，实现远程自动下料、供料、清粪。鹌鹑笼网使用国标 QB235 线材，经热浸锌处理笼网部分光滑无毛刺、弹性较好不易破蛋。

（1）喂料系统。单挂料机确保送料均匀，钢丝绳牵引，带有特殊调节机构的料斗，可以随着日龄的增长调节饲料量。热镀锌板制作的食槽，设计合理不撒料，鹌鹑吃料方便。

（2）饮水系统。饮水系统具有清洗效率高，自动化程度高等特点。方形的饮水管安置在每层鹌鹑笼侧边，增大空间利用，每层一条水管供两边鹌鹑饮水。每个笼位的鹌鹑都可以接触到两个高度合理的饮水器。方管下方有吊杯，防止饮用水滴漏到蛋带上。水线自动冲洗装置，配备了水位报警器，主进水 pH 监控，水温监测调节，控制增压泵，辅助计量用水等功能，实现不间断供应新鲜饮用水，让水线更清洁，确保鹌鹑饮水健康，可有效防止生物膜、水垢的产生，同时提高水线系统使用寿命，减少人员出入鹌鹑舍频率，降低鹌鹑应激反应，减少养殖过程中疾病的发生。

鹌鹑舍饮水系统

（3）捡蛋系统。中央集蛋线把每列鹌鹑笼的鹌鹑蛋自动输到鹌鹑舍前端，每层鹌鹑蛋进入各自的输蛋筐内。然后集中输送到集蛋房内，将鹌鹑蛋统一输送到蛋房内收捡，避免与外界接触，有效防止了鹌鹑舍内的疾病细菌传播。

（4）清粪系统。传送带式清粪，鹌鹑舍纵向清粪，能有效地将粪便清理到舍外有机肥车间，结构简单、故障率低、清粪干净，省时省力，提高工作效率。

鹌鹑舍捡蛋系统

鹌鹑舍清粪系统

（5）环控系统。安装具备物联网管理功能的环境控制器，采用双 CPU 安全冗余设计，支持远程监控、报警和风机自动轮替算法，确保系统稳定运行。其核心功能包括负压小窗风门控制、风量负压折损调控、最小通风与精密通风控制、精准体感温度计算以及灯光日出日落模拟等。

**2. 生产技术模式**

采用"四位一体"的全进全出生产模式，即全面消毒、引进筛选、科学分群和饲养管理。一是严格消毒。每批蛋鹌鹑出栏后，按照消毒程序和方法对鹌鹑舍、用具、器械进行全面彻底清洗、消毒，空隔 15 天以上。二是按照"江西黄羽""神丹 1 号"、育雏、育成、青年鸡的个体选型标准引进群体。三是依照不同品种、不同阶段定制配方全价饲料，确保营养供给。四是按品种和生长阶段科学分群，强化饲养管理，全进全出。

## 三、取得的成效

### （一）节约资源方面

**1. 层叠笼养，节约土地**

（1）空间利用率提高。公司采用层叠式鹌鹑机械化养殖设备，将鹌鹑分层饲养，向上拓展空间，增加养殖数量，土地利用率提高 10 倍，1 亩地能产生 3.5 亩的效益。

（2）饲养密度增加。合理设计的层叠笼养设备可在单位面积内放置更多鹌鹑。公司的 6 列 4 层自动化鹌鹑育雏笼养设备，每组鹌鹑育雏笼可养 600 只鹌鹑。

（3）配套设施集中。层叠笼养通常与自动化设备配套，如自动喂料、清粪、饮水等系统，这些设施可集中布局，无需为每个养殖区域单独设置，节省了设施占地面积。同时，集中管理也便于工作人员操作，提高劳动效率。

**2. 喂料系统，节约饲料、控制日粮成本**

（1）精准投喂。自动喂料系统可根据鹌鹑的生长阶段、体重、采食规律等，精准控制饲料投放量，避免过度投喂，保证每只鹌鹑都能获得足够营养，减少饲料浪费。

（2）减少洒落。自动喂料设备配套防撒食槽、鹌鹑自动采食器等，通过特殊设计，能有效减少在投喂和进食过程中的饲料洒落。

（3）避免变质。自动喂料系统可以实现定时定量投喂，饲料不会长时间暴露在外界环境中，降低了因受潮、霉变等原因导致的饲料变质浪费风险。

（4）提高饲料利用率。良好的生产工艺和饲养环境，鹌鹑能更好地利用摄入的饲料，将其转化为生长、产蛋等所需的能量和营养物质，提高饲料利用率，料蛋比降低，在一定程度上降低了生产单位产品（如鹌鹑蛋、鹌鹑肉）的饲料成本。

（5）节省人力成本。自动喂料系统可节省大量人力成本，让养殖户有更多时间和精力关注鹌鹑的健康和生长状况，提高养殖效益，降低了单位鹌鹑产品的综合成本。

**3. 饮水系统，节约用水**

（1）乳头式饮水器精准控水。乳头式饮水器由阀芯和触杆构成，平时靠水压关闭阀门。鹌鹑饮水时触动触杆，水压下压阀芯使水流出，饮水完毕，触杆随之封住水路，水停止流出，只在鹌鹑需要喝水时才出水，避免了水的持续流淌浪费。

（2）减少污染。与外界隔开，水不直接暴露在鹌鹑舍内，避免灰尘、杂质、粪便等进入水中导致污染，无需因水质问题频繁换水，在节约水资源的同时，确保了水质安全无污染。

**4. 环控系统应用，节约电力**

（1）智能温控系统精准控温。通过温度传感器实时监测舍内温度，与设定温度对比后，自动控制加热或制冷设备启停。

（2）智能通风系统按需通风。安装气体传感器监测舍内氨气、二氧化碳等有害气体浓度，当浓度超标时自动开启风机通风，达标后关闭，避免风机无意义的长时间运行。

（3）智能光照系统合理光照时长。根据鹌鹑生长阶段和生理需求，精准设置光照时长，如产蛋期设置16～18小时光照，非产蛋期适当缩短，定时自动开关灯，避免灯泡长明浪费电力。

### （二）提高效率方面

公司在鹌鹑舍建设自动化精准环境控制系统、数字化精准饲喂管理系统、自动清粪系统以及其他配套生产设施，实现了饲养环境自动调节、精准饲喂、粪便自动清理，大幅减少人工投入。在自动化鹌鹑养殖模式下，公司仅需2名饲养员能够完成饲养20万羽鹌鹑的养殖规模任务，而传统养殖模式下需要配备4名饲养员，直接削减了一半的人工成本，生产效率提升15%；养殖全过程实现自动化标准化数字化管理能够有效保证鹌鹑群体健康、状态稳定，成活率也提高了30%。

### （三）绿色发展方面

（1）公司制定科学合理的粪污治理实施方案，遵循绿色环保、粪便资源化利用原则，将雨水和污水分离、明管暗管分开、对污水集中处理，养殖产生的粪污通过中央集粪带输送至发酵罐高温发酵后转化为有机肥料、生物质能源等资源，供果园、农田使用，推动农业生产的可持续发展，对发酵罐的气体集中收集并经过除臭达标后排放，做到不影响周边村民生活。

（2）公司严格执行无抗养殖标准，严格按照相关法律和标准使用中成药、饲料添加剂、维生素等原料。同时，定期抽样检测原料，以确保鹌鹑养殖全程无抗，获得了无抗认证证书和可生食认证证书，有力保障产品的品质与安全。

## 四、适合的养殖规模和区域

适合南方大部分地区以及北方气候较为温和的区域，如山东、河南等地的中型和大型养殖场。